K. V. Suryabhagavan
Zewdu Shegena
M. Balakrishnan

Utilização de tecnologia geoespacial para modelar zonas afectadas pelo sal

K. V. Suryabhagavan
Zewdu Shegena
M. Balakrishnan

Utilização de tecnologia geoespacial para modelar zonas afectadas pelo sal

Um estudo de caso na exploração agrícola de Sego, no sul da Etiópia

ScienciaScripts

Cover image: www.ingimage.com

This book is a translation from the original published under ISBN 978-3-659-85961-8.

Publisher:
Sciencia Scripts
is a trademark of
Dodo Books Indian Ocean Ltd. and OmniScriptum S.R.L publishing group

120 High Road, East Finchley, London, N2 9ED, United Kingdom
Str. Armeneasca 28/1, office 1, Chisinau MD-2012, Republic of Moldova, Europe
Printed at: see last page
ISBN: 978-620-8-32807-8

AGRADECIMENTOS

Estamos gratos à Escola de Ciências da Terra, Faculdade de Ciências Naturais, Universidade de Adis Abeba pelas instalações e pelos fundos. A Generation Integrated Rural Development Consultant (GIRDC) merece um agradecimento especial pelo seu apoio durante este estudo. Estamos também gratos aos trabalhadores agrícolas de Sego por terem fornecido informações úteis.

ÍNDICE DE CONTEÚDOS

ABREVIATURAS

DEM	Digital Elevation Model
E	East
ECe	Saturation extracts Electrical Conductivity
ESP	Exchangeable Sodium Percentage
FCC	False Colour Composite
GCP	Ground Control Points
GIRDC	Generation Integrated Rural Development Consultant
GIS	Geographic Information System
GPS	Global Positioning System
ha	Hectare
LF	Leaching Fraction
mS/cm	Milisiemens per centimetre
N	North
NDSI	Normalized Difference Salinity Index
NDVI	Normalized Difference Vegetation Index
OWWDSE	Oromia Water Works Design and Supervision Enterprise
RGB	Red, Green, Blue
SNNP	Southern Nations and Nationalities and Peoples
STRM	Shuttle Radar Topography Mission
TCC	True Colour Composite
TM	Thematic Mapper
USA	United State of America
USDA	United State Department of Agriculture
UTM	Universal Travers Mercator
yr	Year

RESUMO

A salinização é o principal problema da agricultura de regadio em zonas áridas e semi-áridas, o que afecta negativamente a produtividade das terras agrícolas. A gestão da salinidade para minimizar o seu impacto ambiental é um pré-requisito para a sustentabilidade a longo prazo da agricultura de regadio. Os principais objectivos deste estudo foram avaliar o nível de salinidade na exploração de regadio do Sego e mapear a distribuição temporal e espacial dos solos afectados pelo sal para ajudar na gestão da salinidade. O estudo utilizou a classificação normal de imagens e o desenvolvimento de modelos a partir do NDSI versus ECe e de diferentes camadas temáticas para mapear a salinidade do solo utilizando ferramentas geoespaciais. A classificação de imagens Landsat de 1984, 1995 e 2010 mostrou que as terras cultivadas intensivamente diminuíram significativamente durante o período de 26 anos, com 13 ha em pousio por ano. A análise do NDSI mostra que os solos fortemente salinos aumentaram em 6 ha/ano. Foi desenvolvido um modelo empírico a partir da relação *entre* a CEe *e o* NDSI da imagem de 2010, utilizando a análise de regressão, que revelou um coeficiente de relação de 66%. O modelo foi alargado a toda a área e revelou que 2,0% da área de estudo era fortemente salina, enquanto 54,7% da área era não salina. Foi também desenvolvido um modelo de sobreposição a partir do lençol freático, forma do terreno, tipo de gestão do terreno, textura do solo e ocupação do solo e o resultado mostrou que cerca de 26,6% da área de estudo era não salina, enquanto 39,5% e 2,8% eram moderada e fortemente salinas, respetivamente. Foi efectuada a validação dos modelos para testar a sua capacidade de previsão e o modelo de sobreposição revelou um melhor coeficiente de correlação de 68,0% com a CEe medida. O mapa dos solos afectados pelo sal, obtido a partir do modelo de salinidade de sobreposição, foi utilizado para avaliar a distribuição dos solos afectados pelo sal em relação ao lençol freático e ao tipo de solo. A maior parte das áreas afectadas pelo sal encontrava-se em lençóis freáticos pouco profundos, sendo o solo fortemente salino responsável por 2,8% dos lençóis freáticos pouco profundos. A distribuição das zonas afectadas pelo sal em função do tipo de solo mostrou que os Cambissolos e os Fluvisolos foram muito afectados pela salinidade, enquanto os Salonchaks e os Solonetz se encontravam em zonas afectadas pelo sal. O resultado indicou que as ferramentas geoespaciais eram eficientes e viáveis para detetar áreas afectadas pelo sal a partir de imagens de satélite e de diferentes mapas temáticos.

Palavras-chave: Salinização, NDSI, Ferramentas geoespaciais, Modelo empírico, Modelo de salinidade de sobreposição, Etiópia

CAPÍTULO 1

INTRODUÇÃO

1.1 Antecedentes

A salinização do solo está a tornar-se um problema crescente, especialmente nas regiões áridas e semi-áridas onde se pratica a irrigação. A degradação do solo devido à salinidade e à sodicidade está a aumentar a um ritmo alarmante, pondo em perigo o ambiente, os ecossistemas agrícolas e a vida humana (Ali Reza et al., 2008). A salinidade do solo tem como resultado a limitação dos recursos naturais e da utilização das terras agrícolas. Trata-se de um risco ambiental grave que afecta o crescimento de muitas culturas. As áreas afectadas pelo sal estendem-se por todos os continentes. As estatísticas sobre a extensão das áreas mundiais afectadas pelo sal variam; no entanto, as estimativas gerais rondam os mil milhões de hectares, o que representa cerca de 7% da extensão continental da Terra. Mais de 120 países são confrontados, em menor ou maior grau, com o problema da salinidade do solo (Al-Khaier, 2003).

A degradação dos solos, que é o produto de uma interação complexa de muitas variáveis, reduz a capacidade atual e/ou potencial dos solos para produzir bens e serviços. As regiões semi-áridas estão sob grande pressão para fornecer os alimentos necessários às suas populações em rápido crescimento. As consequentes alterações na utilização dos solos, principalmente devido às políticas de intensificação da agricultura, juntamente com as condições climáticas adversas, incluindo as alterações climáticas globais, aceleraram o processo de degradação dos solos, que já causou uma redução da produção em muitas partes do mundo árido. Por conseguinte, torna-se vital a necessidade de detetar a ocorrência de degradação dos solos e, ao mesmo tempo, avaliar a sua gravidade num dado momento. De acordo com Beshir e Bekele (2007), alguns dos problemas dos sistemas de irrigação em grande escala na Etiópia são, por um lado, a falta de sensibilização dos funcionários das explorações agrícolas e, por outro, problemas políticos. Os sistemas de irrigação são afectados pelo alagamento, pela deterioração da capacidade dos canais e pela salinidade.

A principal fonte de salinidade são os lençóis freáticos pouco profundos, as águas de irrigação naturais salinas, as águas de origem marinha e a utilização intensiva de produtos químicos nas práticas agrícolas. Nas regiões áridas e semi-áridas, onde a evaporação excede a precipitação, ocorre um movimento ascendente dos sais alcalinos dissolvidos nas águas subterrâneas. Ao mesmo tempo, o movimento da água da chuva provoca um movimento descendente dos sais. O resultado líquido é a deposição dos catiões translocados na superfície do solo ou muito perto dela, que é a zona das raízes da maioria das plantas. Em países como a Etiópia, onde as zonas climáticas áridas e semiáridas ocupam mais de 60% da área total, o desenvolvimento de tecnologia para controlar e mitigar a salinidade e a sodicidade é uma questão particularmente importante para a gestão agrícola moderna (OWWDSE, 2007).

De acordo com o Programa de Desenvolvimento da Irrigação da Etiópia, está prevista a execução de 26 projectos de irrigação de média e grande escala no país. Devido a razões topográficas, a maior parte dos projectos de irrigação em grande escala já estabelecidos ou propostos situa-se nas terras baixas da Etiópia, onde se localizam as principais bacias hidrográficas, como a Awash, o Nilo Azul, a bacia do rio Wabe Shebelle e a bacia do vale do Rift. Sabe-se que mais de 11 milhões de hectares de terra nas zonas áridas, semi-áridas e desérticas da Etiópia estão afectados pelo sal (Loiskandl et al., 2007). Grandes áreas da bacia hidrográfica do rio Awash, especialmente as partes média e baixa da bacia, são salinas ou sódicas ou em fase salino-sódica, estando assim potencialmente expostas à salinização e à sodicidade.

1.2 Declaração do problema

A deteção da degradação do solo através de um levantamento convencional do solo requer muito tempo, mas as técnicas geoespaciais oferecem a possibilidade de mapear e monitorizar estes processos de forma mais rápida e económica. No entanto, para avaliar a exatidão da capacidade das imagens de satélite para mapear e monitorizar a salinidade, é necessário compará-las com as medições de campo da salinidade (El-haddad e Garcia, 2006). O estudo de viabilidade do levantamento do solo da área de comando do Sego efectuado por HALCROW-GIRDC (2009) avaliou a CEe e o pH no terreno e explicitou algumas indicações de problemas de salinidade e sodicidade do solo. Identificaram também que os tipos de solo solonchaks e solonetz estão associados à salinidade e à sodicidade. No entanto, os dois tipos de solo reflectem os solos muito salgados e sodados. Assim, o mapeamento da salinidade e da sodicidade a diferentes níveis com a aplicação da deteção remota e do sistema de informação geográfica e a validação com dados de campo são importantes para a gestão da irrigação e para a monitorização das alterações da salinidade resultantes das actividades de irrigação.

1.3 Objectivos

13.1 Objetivo geral

- O objetivo geral deste estudo foi avaliar o nível de salinidade na exploração de regadio do Sego e mapear a distribuição do problema que restringe a produção óptima das culturas na área, útil para uma gestão eficaz e estratégias mitigadoras adequadas.

132 Objectivos específicos

- Avaliar o efeito da irrigação nas alterações da salinidade do solo na exploração de regadio do Sego durante o período de 1984 a 2010.
- Detetar áreas afectadas por sal na exploração de regadio do Sego com aplicação de índices de sal.
- Desenvolver diferentes modelos de cartografia da salinidade e identificar o melhor método de cartografia.
- Avaliar a distribuição espacial dos solos afectados pelo sal em relação aos tipos de solo e aos lençóis freáticos.

CAPÍTULO 2
REVISÃO DA LITERATURA

2.1 Visão geral da salinidade do solo

A salinização é o processo pelo qual os sais solúveis em água se acumulam nos solos ao longo do tempo. Este processo torna-se crítico do ponto de vista agrícola, uma vez que os solos salinos são aqueles que contêm sais solúveis neutros na zona das raízes, o que afecta negativamente as culturas na área afetada. Pode ocorrer naturalmente ou como resultado de más práticas de gestão. A irrigação modifica o equilíbrio da hidratação do solo, gerando um fornecimento extra de água, que está associado à adição de sais. Isto faz com que o solo se torne salgado e improdutivo na ausência de uma gestão racional (Wu et al., 2008). Se o problema da salinidade não puder ser resolvido, a terra acabará por se tornar improdutiva. A salinidade do solo ameaça a produtividade das terras irrigadas e os meios de subsistência dos agricultores que dependem desses solos afectados.

A salinidade e a sodicidade, que ocorrem normalmente em regiões áridas e semiáridas, causam problemas especiais na gestão do solo e da água. Por isso, são consideradas separadamente de outras propriedades químicas (Richard, 1991). A salinidade do solo refere-se à acumulação superficial ou próxima da superfície de sais, principalmente cloretos, sulfatos e carbonatos de sódio, cálcio e magnésio. Habitualmente, a concentração destes sais solúveis é expressa como a condutividade eléctrica (CE) de uma solução extraída de uma pasta de solo saturada de água.

A definição de solos salinos e sódicos tem-se baseado nos valores de ECe (condutividade eléctrica do extrato de saturação do solo, mScm-1), pHs (pH da pasta saturada do solo) e percentagem de sódio permutável do solo (ESP) na zona radicular da maioria das culturas (Richards, 1954). O solo com valor de ECe < 4 mScm-1 é considerado isento de sal e o efeito da salinidade nas plantas é negligenciável. Os solos com valores de ECe de 4-8, 8-15 e superiores a 15 são ligeiramente, moderadamente e fortemente salinos, respetivamente. De acordo com a classificação do USDA, têm diferentes níveis de efeitos no crescimento e rendimento das plantas. O efeito da salinidade e da sodicidade surge quando a concentração de sal na água do solo é elevada e está resumido numa classificação simples de solos afectados pelo sal (Quadro 2.1).

Quadro 2.1 Classificação USDA dos solos afectados por sais

Soil	ECe (mScm-1)	ESP	pH	Description
Saline soils	>4	<15	<8.5	Non-sodic soils containing sufficient soluble salts to interfere with growth of most crops
Saline sodic soils	>4	>15	<8.5	Soils with sufficient exchangeable sodium to interfere with growth of most plants and containing appreciable quantities of soluble salts
Sodic soils	<4	>15	>8.5	Soils with sufficient exchangeable sodium to interfere with growth of most plants, but without appreciable quantities of soluble salts

22 Sensoriamento remoto no mapeamento da salinidade do solo

O sistema de informação geográfica e as técnicas de deteção remota tornaram-se ferramentas para identificar e classificar os solos salinos. A utilização desta técnica deu uma boa indicação de precisão, rentabilidade, rapidez e poupança de mão de obra para delinear os solos afectados pelo sal da forma mais eficiente (Al-Mulla, 2010). A teledeteção é oportuna, mais rápida do que os métodos terrestres e proporciona uma melhor cobertura espacial na cartografia da salinidade do solo. Os dados de teledeteção podem ser utilizados como entrada num Sistema de Informação Geográfica (SIG) para posterior análise e comparação com outros dados (Abbas e Khan, 2007). A integração dos recursos terrestres e hídricos e a identificação dos condicionalismos, incluindo os problemas ecológicos a nível micro, ajudarão a identificar soluções específicas para cada local através da utilização eficaz de informações sobre os recursos baseadas na teledeteção. A compreensão da interação da energia com a superfície do solo é crucial para uma interpretação bem sucedida dos dados de teledeteção, bem como da vegetação nas zonas plantadas. Por conseguinte, uma melhor compreensão de algumas caraterísticas físico-químicas dos solos salinos pode ser importante para melhorar o estudo da salinidade do solo em regiões áridas utilizando dados de teledeteção.

22.1 Métodos de cartografia direta e indireta utilizando a reflectância espetral

Utilizando a teledeteção, a salinidade do solo pode ser mapeada tanto diretamente, através da reflectância do solo nu ou da crosta salina, como indiretamente, a partir da cobertura vegetal e da saúde. Panah e Zehtabian (2002) explicaram que as caraterísticas de reflectância espetral das plantas em regiões áridas podem ser um bom indicador da salinidade, uma vez que as folhas das plantas podem ser afectadas por vários tipos de stress, bem como por nutrientes e salinidade, devido a alterações das estruturas internas e externas das folhas. As caraterísticas de reflectância espetral da vegetação não saudável são diferentes das da vegetação saudável. O crescimento vigoroso e o tipo de vegetação são facilmente reconhecidos nas imagens de satélite. Por conseguinte, o vigor e o tipo de planta podem ser utilizados para identificar a extensão da salinidade do solo. Estas zonas são geralmente moderadamente ou fracamente salinas. Os solos salinos com eflorescências salinas visíveis na superfície do solo são mais fáceis de cartografar utilizando a teledeteção e são considerados solos fortemente salinos.

Caraterísticas indirectas como a paisagem podem ajudar a identificar os problemas de salinidade do solo. A elevação relativa é uma das caraterísticas mais evidentes da paisagem em relação à salinidade e à humidade fornecida pelos lençóis freáticos salinos e pouco profundos. Elnaggar e Noller (2010) sugeriram que as observações de campo indicam a presença de acumulação de sal em formas de relevo de baixa altitude. É muito importante integrar as variáveis ambientais que têm uma influência significativa no desenvolvimento da salinização secundária. A geologia da superfície e os atributos do terreno, nomeadamente a elevação e o declive, são variáveis críticas na previsão da salinidade do solo.

2.2.2 Análise de imagens e interpretação visual

Para diferentes tipos de superfícies, a quantidade de radiação solar reflectida varia com o comprimento de onda, o que permite identificar vários tipos de superfícies ou classes numa imagem de satélite para as distinguir umas das outras pela diferença de reflectância (Khan et al., 2001). Os solos afectados pelo sal podem ser facilmente identificados visualmente a partir das imagens Landsat utilizando o composto de falsa cor (RGB 432) e os índices de brilho e de humidade (Elnaggar e Noller, 2010). As equações do índice de salinidade da diferença normalizada (NDSI) podem ser desenvolvidas para realçar as áreas salinas danificadas, uma vez que os solos salinos têm valores de reflectância elevados na gama do visível. Atualmente, a identificação e o mapeamento de solos salinos são feitos por uma combinação de interpretação visual de fotografias, análise digital de compósitos de falsa cor (FCC) e análise digital de radiação de superfície e índice de vegetação. Todos os métodos requerem informação de verdade no terreno para calibração e validação. A utilização efectiva depende do objetivo específico do estudo, da disponibilidade de dados, da competência humana e da disponibilidade de recursos, incluindo tempo e finanças.

De acordo com AH Reza (2008), a salinidade do solo é um dos complexos entre as caraterísticas do solo. Por outro lado, a reflexão da superfície do solo não está relacionada apenas com uma das caraterísticas do solo em zonas áridas, uma vez que a salinidade do solo é um fenómeno complexo. As condições da superfície do solo, como a superfície gravosa e a vegetação, que são resistentes à salinidade, e a superfície com crostas podem influenciar a reflectância dos solos. Por conseguinte, a teledeteção tem potencial para detetar solos afectados pela salinidade.

23 Irrigação na salinização do solo

O processo de salinização do solo pode ser classificado em dois tipos, primário e secundário. A salinização primária envolve a acumulação de sais através de processos naturais devido aos elevados teores de sal nos materiais de origem ou nas águas subterrâneas, enquanto a salinização secundária é causada por intervenções humanas, como práticas de irrigação inadequadas, por exemplo, com água de irrigação rica em sal ou drenagem insuficiente (Shrestha, 2006). Um perfil de estado estacionário de salinidade no solo pode ser razoavelmente assumido sob irrigação pesada frequentemente aplicada com uma fração de lixiviação (LF) de 0,5 ou mais (Patel et al., 2002). Uma LF mais baixa, intervalos de irrigação mais longos e vários métodos de irrigação podem causar concentrações de sal espacialmente variadas na zona radicular dos campos irrigados. Como consequência, haverá provavelmente uma maior acumulação de sais se a chuva ou a rega não proporcionarem uma lixiviação adequada. Nestas circunstâncias, uma concentração estável de sais pode não ser atingida durante vários anos após a introdução da irrigação (Meiri, 1984).

A disponibilidade de água adequada e de boa qualidade é um dos factores mais importantes para o êxito da produção agrícola. Uma vez que as actividades antropogénicas influenciam o papel da evaporação, levando a um aumento de Na+ e Cl- e, consequentemente, dos sólidos totais dissolvidos (TDS), as amostras caem num ambiente que tende para um clima semi-árido/árido. As caraterísticas que geralmente devem ser consideradas para a avaliação da qualidade adequada das águas subterrâneas para irrigação são a condutividade eléctrica (CE), a percentagem de sódio, a razão de adsorção de sódio (SAR) e o carbonato de sódio residual (RSC) (Ashraf et al., 2011). Por conseguinte, é óbvio que a contribuição das águas subterrâneas é uma componente significativa do balanço hídrico e deve ser reconhecida como parte da água necessária para a evapotranspiração da cultura. Os catiões e aniões mais importantes nos recursos hídricos subterrâneos são o Ca2+, o Mg2+, o Na+, o HCO3- e o NO3-.

CAPÍTULO 3

METODOLOGIA

3.1 Descrição da área de estudo

3.1.1 Localização

A área de estudo situa-se no Estado Regional das Nações e Nacionalidades e Povos do Sul (SNNP) da Etiópia, Zona Gamo Gofa, Arba Minch Zuria Woreda, a cerca de 24 km a sul da cidade de Arba Minch, estendendo-se de ambos os lados da estrada asfaltada de Arba Minch Konso. Geograficamente, é delimitada pela longitude 37°25'9"-37°30'50 "E e pela latitude 5°48'12"- 5°54'9 "N com uma área de 67,47 km^2 (Figura 3.1). Esta área é uma planície de inundação delimitada pelo Lago Charno nas direcções leste e sul, enquanto as direcções norte e oeste são delimitadas por montanhas. A área é drenada pelos rios Sile e Sego, que desaguam no Lago Chamo.

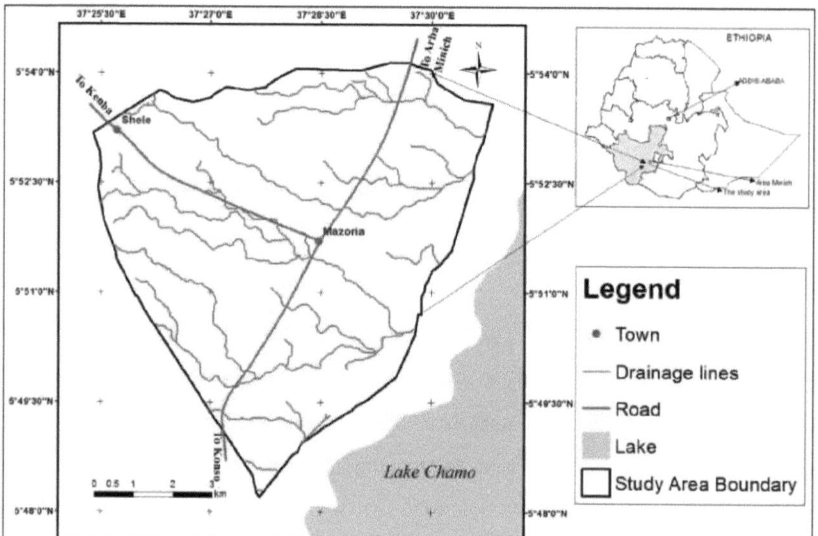

Figura 3.1. Mapa de localização da área de estudo

3.12 Clima

Os regimes e estações de precipitação na Etiópia são diversos. A distribuição da precipitação na área de estudo é bimodal. Uma estação chuvosa longa ocorre do início de março ao fim de maio, com um máximo no mês de abril (219 mm), enquanto uma estação chuvosa curta ocorre de meados de agosto a meados de outubro (Figura 3.2). A precipitação mensal mínima foi registada em janeiro (18 mm). A área de estudo é tipicamente uma área de planície com elevação < 1250 m de altitude. A evapotranspiração anual foi quase uniformemente distribuída ao longo do ano. A variação sazonal da temperatura foi escassa. Em Arba Minch, perto do local de estudo, a temperatura média mensal foi de 23,9°C, variando entre 22,7°C em julho e 25,7°C em março.

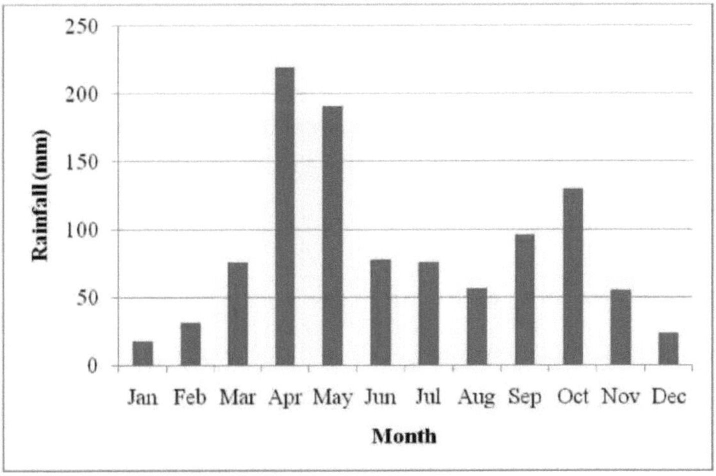

Figura 3.2. A precipitação média mensal na área de estudo

3.13 Geologia

A geologia da zona de comando do Sego é caracterizada por sedimentos lacustres, areias siltosas, depósitos piroclásticos e diatomitos. Os leitos lacustres estão intercalados com piroclastos do Plio-Pleistocénico na região lacustre e nos ombros do rifte, e são maioritariamente areias vulcânicas re-depositadas, tufos com material calcário e diatomite (HALCROW-GIRDC, 2009).

3.14 Tipos de solo

A área de estudo é caracterizada principalmente por oito tipos principais de solo. Estes são Cambisols, Fluvisols, Luvisols, Vertisols, Gleysols, Solonetz, Solonchaks e Leptosols. Os Cambissolos dominam o tipo de solo da área e cobrem cerca de 54% da área de comando, enquanto os Fluvisolos ocupam a parte seguinte. O material de origem são depósitos fluviais aluviais e materiais coluviais desenvolvidos sobre os antigos depósitos lacustres.

3.1 5 Utilização e ocupação do solo

A principal utilização/cobertura do solo da área é predominantemente a produção intensiva de culturas perenes e anuais. A produção de culturas irrigadas é também praticada por pequenos agricultores e pela exploração agrícola estatal. A banana, o algodão, a manga, o abacate e o milho são cultivados intensivamente em regime de sequeiro e de regadio. As terras ao longo dos canais dos rios e da periferia do Lago Chamo são utilizadas para pastagem. A vegetação *de Accacia* e *Cordia africana* cobre alguns locais.

3.2 Materiais utilizados

Para esta investigação, foram utilizados os seguintes instrumentos: O Quadro 3.1 apresenta as fontes dos instrumentos utilizados no presente estudo.

- Imagens Landsat TM (trajetória e linha de 169/56 e ano 1984, 1995 e 2010)
- Modelo digital de elevação (DEM, resolução de 30 metros)
- Toposheet à escala 1:50.000 (0537 A2)
- Mapas temáticos de solos, formas de relevo e outros mapas
- Profundidade do lençol freático, dados de ECe e pH medidos no terreno e outros dados auxiliares
- GPS Garmin
- ArcGIS 10.0, ERDAS Imagine 9.2, e software IDRISI Andes 32.

Quadro 3.1 Tipo de dados e fontes das ferramentas utilizadas no presente inquérito.

<table>
<tr><th colspan="2">Data type</th><th>Source</th></tr>
<tr><td colspan="2">Landsat TM image</td><td>Global land-cover</td></tr>
<tr><td colspan="2">Digital Elevation Model (DEM) with 30m resolution</td><td>Addis Ababa University</td></tr>
<tr><td colspan="2">Toposheet of scale 1:50,000 (0537 A2)</td><td>Ethiopian Mapping Agency</td></tr>
<tr><td colspan="2">GPS</td><td>Generation Integrated Rural Development Consultant</td></tr>
<tr><td rowspan="4">Thematic Maps</td><td>Soil type map</td><td rowspan="4">Generation Integrated Rural Development Consultant (GIRDC)</td></tr>
<tr><td>Soil texture map</td></tr>
<tr><td>Soil ECe and pH data</td></tr>
<tr><td>Water table data</td></tr>
</table>

33 Métodos

Para atingir o objetivo do presente estudo, foram efectuadas diferentes análises, que envolvem a análise de deteção remota de alterações na salinidade, a modelação espacial assistida por SIG e a análise de regressão e, finalmente, a validação e comparação dos métodos.

33.1 Mapeamento da salinidade

33.1.1 Índice de salinidade do solo

Foram executados índices de salinidade do solo para três imagens Landsat (1984, 1995 e 2010). Especificamente, o índice de salinidade proposto para este estudo foi o Índice de Salinidade da Diferença Normalizada (NDSI). Este índice foi obtido dividindo a diferença do vermelho e do NIR pela sua soma. A fórmula matemática para o NDSI é a seguinte:

NDSI = [(Banda 3 - Banda 4) / (Banda 3 + Banda 4)]

33.1.2 Indicador de vegetação

Na cartografia da salinidade e da sodicidade, a vegetação pode ser utilizada como um indicador indireto dos solos afectados pelo sal e, por conseguinte, a vegetação em estado de stress pode ser um sinal indireto da presença de sal nos solos. Os solos afectados pelo sal são normalmente caracterizados por áreas com pouca vegetação e este estado de vegetação em stress pode ser um sinal indireto da presença de sal nos solos. Por conseguinte, o índice de vegetação foi incluído na análise e foi calculado da seguinte forma

Índice de vegetação diferencial normalizado: NDVI = [(Banda4 - Banda3) / (Banda3 + Banda4)]

33.1.3 Análise da alteração da salinidade do solo

As alterações da salinidade do solo ao longo de 26 anos foram analisadas através do mapeamento de solos afectados por sal em 1984, 1995 e 2010 a partir de imagens Landsat TM através de técnicas de classificação supervisionadas e do Índice de Salinidade da Diferença Normalizada (NDSI). A distribuição temporal e espacial dos solos salinos da área durante o período de tempo especificado foi avaliada para inferir o efeito da irrigação no aumento da salinidade do solo.

33.1.4 Modelo de salinidade a partir da ECe medida e da reflectância espetral

O modelo de salinidade do solo foi desenvolvido utilizando imagens Landsat de 2010 e dados ECe medidos. Para desenvolver o modelo de mapeamento dos níveis de salinidade do solo a partir de imagens de satélite, foram utilizados pontos de amostragem de reflectância espetral e ECe. Foi efectuada a identificação da localização do ponto de amostragem na imagem de satélite. A reflectância correspondente das amostras de solo de diferentes zonas de amostragem foi recuperada para diferentes bandas e índices. Foi preparado um modelo empírico para o NDSI *versus o* nível de salinidade (ECe) utilizando a análise de regressão. A Figura 3.3 mostra a representação esquemática do método adotado.

Este modelo empírico do NDSI foi alargado a toda a imagem e foram identificados diferentes níveis de salinidade. A vantagem deste modelo generalizado através do SIG é que fornece diretamente o nível de salinidade em qualquer ponto da imagem.

33.15 Modelo de salinização do solo

Existem diferentes factores que contribuem para a salinidade do solo em resultado das suas interações. Estes são o tipo de gestão do solo, a topografia ou forma do terreno, o nível das águas subterrâneas, a textura do solo e a reação do sal formado com a vegetação (cobertura do solo). Assim, a determinação do potencial espacial de salinidade do solo da exploração de irrigação do Sego através da integração de funcionalidades SIG para analisar a interação entre o nível das águas subterrâneas, o relevo, o tipo de gestão do terreno, a textura do solo e o coberto vegetal é muito importante. A formação geológica da área de comando é caracterizada por uma única unidade. No entanto, a textura do solo foi utilizada como uma camada, uma vez que o tamanho do grão influencia os processos devido à variabilidade da textura e da porosidade, que afecta o fluxo de água subterrânea. Por conseguinte, foram utilizadas cinco camadas, o nível de água subterrânea, o relevo, o tipo de gestão do solo, a textura do solo e a cobertura do solo para o modelo de salinização do solo (Figura 3.3).

A água subterrânea é um dos factores de salinização do solo através do movimento ascendente de sais solúveis e da acumulação à superfície do solo ou perto dela. Os sais presentes no solo são movidos com a humidade do solo através da ação capilar e tornam-se uma fonte de formação de solo salino quando o lençol freático está próximo da superfície do solo e a taxa de evaporação é elevada (Chaudhry et al., 1996). As áreas com acumulação de sal são expressas por uma diminuição da vegetação em resultado da reação da vegetação com o sal. A acumulação de sal perto da superfície do solo deve-se ao movimento ascendente do sal através da água, enquanto o movimento lateral está altamente relacionado com o terraço baixo (Mongkolsawat e Thirangoon, 1990).

Para desenvolver o modelo a partir das cinco camadas de factores em operação de sobreposição no ambiente SIG, foram criadas unidades de mapa, que foram posteriormente atribuídas à classe de potencial de salinidade do solo. No processo de formulação do modelo, foi feita uma reclassificação para ajustar as condições, que estão altamente relacionadas com a verdade terrestre e a condutividade eléctrica existente no solo.

33. 2Análise de sobreposição

Foi avaliada a distribuição espacial das actuais áreas afectadas pelo sal em relação a diferentes caraterísticas. Para tal, sobrepôs-se o mapa dos solos afectados pelo sal com o tipo de solo e o lençol freático.

333 Validação e comparação dos métodos

A validação dos modelos foi efectuada através da representação gráfica do valor ECe com os valores raster correspondentes do mapa de salinidade gerado a partir de imagens de satélite (modelo empírico) e da sobreposição do modelo de salinidade das cinco camadas do mapa no diagrama disperso. Em seguida, a linha e a equação de melhor ajuste determinam a previsão mais exacta da salinidade do solo. A validação dos modelos foi apoiada por investigações no terreno e pela crosta salina existente.

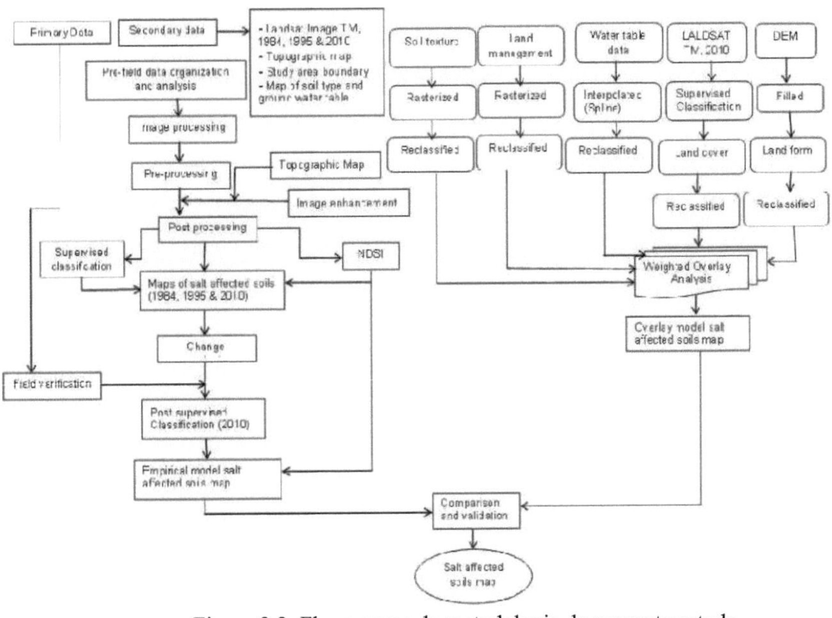

Figura 3.3. Fluxograma da metodologia do presente estudo

33 A Análise de dados

33.4.1 Recolha e preparação de dados

Foram adquiridas três imagens Landsat cobrindo o período de 1984 a 2010 para a área de estudo. Foi efectuada a marcação de camadas para todas as seis bandas, excluindo a banda térmica. A correção geométrica das três imagens Landsat TM foi realizada com base no mapa topográfico da área de estudo. As imagens Landsat foram registadas no mapa topográfico utilizando pontos de controlo, que eram facilmente reconhecíveis na imagem de satélite. O melhoramento das imagens foi efectuado para melhorar a sua interpretabilidade. Além disso, para auxiliar a análise das imagens, foi recolhido o tipo de utilização ou cobertura do solo para 85 Pontos de Controlo Terrestre (GCPs), com localizações determinadas com GPS. Todos os mapas foram projectados para a Zona UTM 37 N utilizando o Adindan como datum.

33.4.2 Classificação de áreas afectadas por sal a partir de imagens de satélite

Foi feita uma tentativa de analisar imagens de satélite para avaliar a distribuição espacial e a variação temporal de solos afectados por sal em três anos diferentes (1984, 1995 e 2010) nesta sequência. Para o efeito, procedeu-se à classificação supervisionada e à análise do índice de salinidade por diferença normalizada (NDSI) das imagens Landsat TM.

33A2.1 Seleção de bandas e composição de cores verdadeiras e falsas

Para aumentar a precisão da interpretação da imagem e da classificação das diferentes classes de caraterísticas, a seleção de bandas foi feita através da análise das propriedades de reflectância das caraterísticas (Bakker et al., 2001). Para melhorar a interpretação visual das áreas afectadas pelo sal a partir da imagem de satélite e a classificação de outras caraterísticas, foram testadas várias composições de cores. A composição de cor verdadeira e as outras três composições de cor falsa foram consideradas úteis para a discriminação de caraterísticas a partir de imagens de satélite. A composição de cores verdadeiras e uma composição de cores falsas (TCC: 3-2-1 e FCC: 4-3-2) foram consideradas a melhor combinação para a identificação de diferentes caraterísticas das imagens Landsat TM dos três anos diferentes da área de estudo (Figura 3.4).

Figura 3.4 Compósito de falsa cor da imagem Landsat de 2010

33.4.2.2 Classes espectrais de caraterísticas

A superfície é composta por determinados materiais e para cada material pode ser estabelecida uma curva de reflexão específica. Estas curvas mostram a fração da radiação incidente que é reflectida em função do comprimento de onda. A reflectância espetral do solo é determinada por muitos factores, como a cor da superfície do solo, a textura, os minerais e a cobertura vegetal. Para as classes de cobertura do solo na área de estudo, foi gerado um perfil espetral a partir da imagem de satélite utilizando o ERD AS Imagine 9.2 (Figura 3.5). Observou-se que os solos salinos e a terra nua/pousio têm uma resposta espetral semelhante em todas as bandas, mas os solos salinos têm uma reflectância significativamente mais elevada na banda 4 e na banda 5, o que facilita a discriminação dos solos salinos e da terra nua. A vegetação densa tem maior reflectância na banda 4 em relação à vegetação esparsa e a outras caraterísticas.

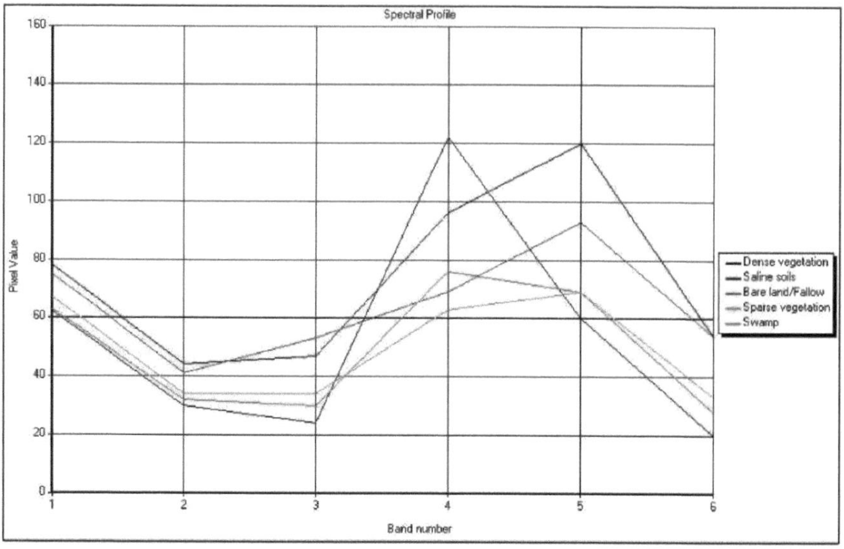

Figura 3.5 Perfil espetral para as classes de ocupação do solo

3343 Análise de regressão a partir de dados ECe e NDSI

Para avaliar a distribuição espacial do ECe e prever o nível de salinidade em diferentes locais, foi efectuada uma análise de regressão, com base nos dados dos pontos ECe e no NDSI gerado a partir da imagem Landsat de 2010. Para esta análise, foi utilizado um total de 84 pontos de amostragem de ECe. Legenda do resultado do levantamento de campo do solo efectuado pela Generation Integrated Rural Development Consultant (GIRDC, 2009). Para a análise de regressão, os dados ECe disponíveis foram adquiridos em 2009 e, por conseguinte, a imagem de 2010 foi utilizada para gerar o NDSI. Esperava-se obter o melhor resultado para esta imagem, embora haja uma diferença de um ano entre a data da imagem e a aquisição dos dados ECe, e possa haver uma ligeira alteração da salinidade. A distribuição dos dados de pontos ECe é apresentada na Figura 3.6.

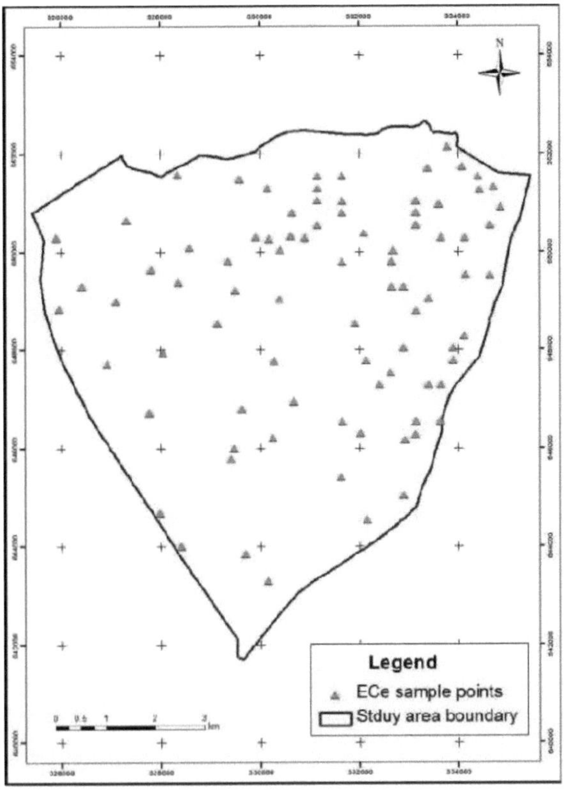

Figura 3.6 Distribuição dos pontos de amostragem ECe

A salinidade para a área de estudo, que é expressa em valor ECe, é encontrada como dados pontuais e representa o valor no local de amostragem. Foi feita uma tentativa de prever os valores de ECe em locais não amostrados através de uma análise de regressão. Para o efeito, os pontos de amostragem do ECe foram distribuídos pelo NDSI gerado a partir de imagens de 2010 no ArcMap. Em seguida, o valor correspondente do NDSI para o valor do ponto ECe foi extraído utilizando a ferramenta de análise espacial (Extract values to points) no ambiente ArcGIS. Os valores NDSI extraídos e os valores ECe correspondentes foram representados num diagrama de dispersão e foram determinadas a linha e a equação de melhor ajuste. Com base na equação, foi desenvolvido um modelo de análise de regressão utilizando o model builder no ambiente ArcGIS, para prever o nível de salinidade do solo para toda a área sob a forma de mapa raster. A vantagem deste modelo gerado através do SIG é o facto de fornecer diretamente o nível de salinidade em qualquer ponto da imagem, o que pode melhorar algumas novas áreas de forte salinidade.

33.5 Análise do modelo de sobreposição da salinidade do solo

A razão básica para desenvolver modelos é compreender as causas da salinidade do solo e conceber práticas de gestão necessárias para controlar a sua propagação. Trata-se de um método rápido e fiável de obter informações sobre a distribuição espacial da salinidade (Madyaka, 2008). A eficácia e a eficiência do método dependem da compreensão do dinamismo dos movimentos da água e dos solutos no solo. Existem várias abordagens para modelar a salinização do solo, todas tentando compreender melhor a sua extensão e dinâmica. Algumas destas abordagens envolvem modelos matemáticos, que descrevem e quantificam os processos e fenómenos hidrológicos básicos sob uma série de condições. Neste estudo, as funções de modelação incluem a sobreposição de conjuntos de dados (parâmetros do modelo) em ambiente SIG para encontrar locais onde os valores coincidem.

333.1 Parâmetros do modelo

Para desenvolver o modelo de salinização do solo, foram identificados parâmetros (nível de água subterrânea, relevo, textura do solo, cobertura vegetal e tipo de gestão do solo) que têm uma influência significativa no processo de salinização. Antes da fusão com a análise de sobreposição ponderada, os parâmetros do modelo de entrada foram primeiro convertidos num modelo de dados vectoriais para os cinco parâmetros do modelo. Durante a conversão dos dados vectoriais em dados raster, para tornar as camadas de dados compatíveis com a análise raster, foi adoptada uma dimensão de célula de 30 m com base na resolução da imagem Landsat e no DEM, pelo que todos os parâmetros de entrada foram reamostrados para uma resolução de célula raster de 30 m. A normalização dos parâmetros do modelo num valor de escala uniforme foi efectuada para os tornar compatíveis na análise de sobreposição ponderada. Cada parâmetro foi reclassificado em três classes de salinidade, variando de 1 a 3, com base na sua contribuição para a salinização do solo, em que 1 implica a menor contribuição, enquanto 3 representa a maior contribuição para o processo de salinização.

33.5.1.1 Nível das águas subterrâneas

Neste estudo, o nível do lençol freático foi considerado como um dos parâmetros na análise de sobreposição do modelo de salinização do solo, uma vez que o lençol freático é o que mais contribui para o aumento da salinidade. Cinquenta e um dados de pontos de lençóis freáticos (Anexo-I) com referências de coordenadas foram adquiridos do GIRDC e convertidos em ficheiros de forma de pontos em ambiente SIG (Figura 3.7).

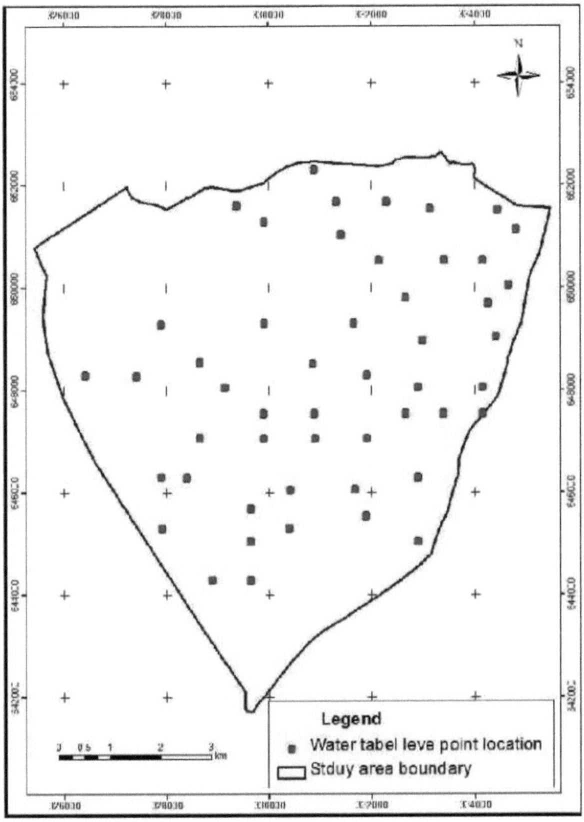

Figura 3.7 Mapa de localização do lençol freático

Para a análise de sobreposição, os dados dos pontos do lençol freático foram interpolados para gerar um lençol freático de superfície contínuo utilizando a interpolação spline regularizada em ferramentas de análise espacial no ambiente SIG (Figura 3.8). Durante a interpolação, os dados raster foram amostrados com um tamanho de célula de 30 m para serem compatíveis com outras camadas na análise de sobreposição. Após a interpolação, os dados contínuos do lençol freático superficial foram reclassificados em três classes (1 a 3) com base na sua contribuição para o processo de salinização (Figura 3.9). A classe 1 foi a que menos contribuiu, enquanto a classe 3 foi a que mais contribuiu para o processo (Tabela 3.2).

Tabela 3.2 Classificação da profundidade do lençol freático.

Water table depth (m)	Class	Contribution to salinization
0.5-2	3 (Shallow)	High
2-3	2 (Moderate)	Moderate
>3	1 (Deep)	Least

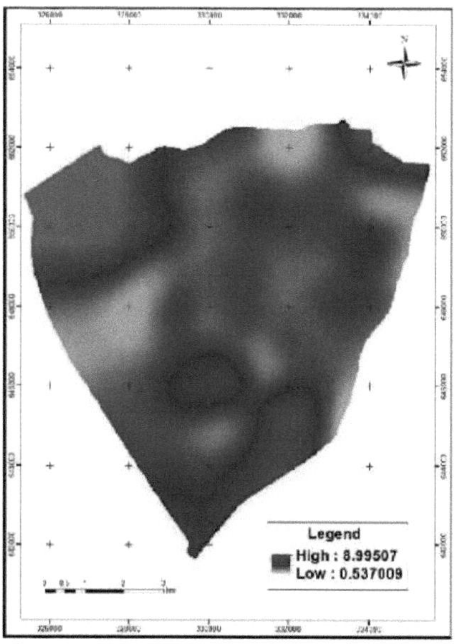

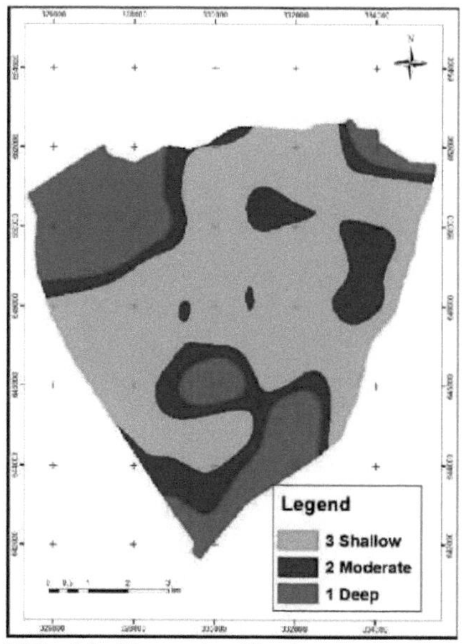

Figura 3.8 Nível freático interpolado Figura 3.9 Nível freático reclassificado

33.5.12 Forma do terreno

O relevo da área de estudo foi gerado a partir do Modelo Digital de Elevação (DEM) de resolução de 30 m do SRTM. O DEM mostra que a elevação da área varia desde o ponto mais baixo perto da margem do Lago Chamo até à parte superior mais a noroeste da área de estudo, que varia entre 1109 e 1250 metros (Figura 3.10).

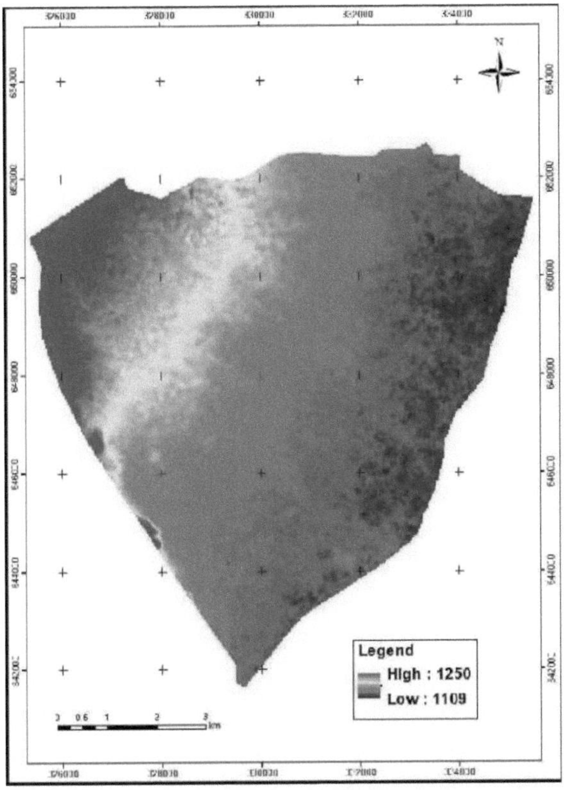

Figura 3.10 Modelo digital de elevação da área de estudo

O relevo da área de estudo foi classificado em terraço superior e terraço inferior, que foi gerado a partir de um modelo de elevação digital utilizando o ArcGIS. A forma do terreno tem uma importância significativa no processo de salinização do solo e, por isso, foi muito importante classificar a forma do terreno e atribuir um valor de escala adequado às classes de forma do terreno para as tornar compatíveis com outros parâmetros do modelo. O valor de escala 3 foi atribuído ao terraço de nível inferior, que era muito suscetível à salinização do solo, ao passo que o valor 1 foi atribuído ao terraço superior, que tinha a menor influência no processo (Figura 3.11).

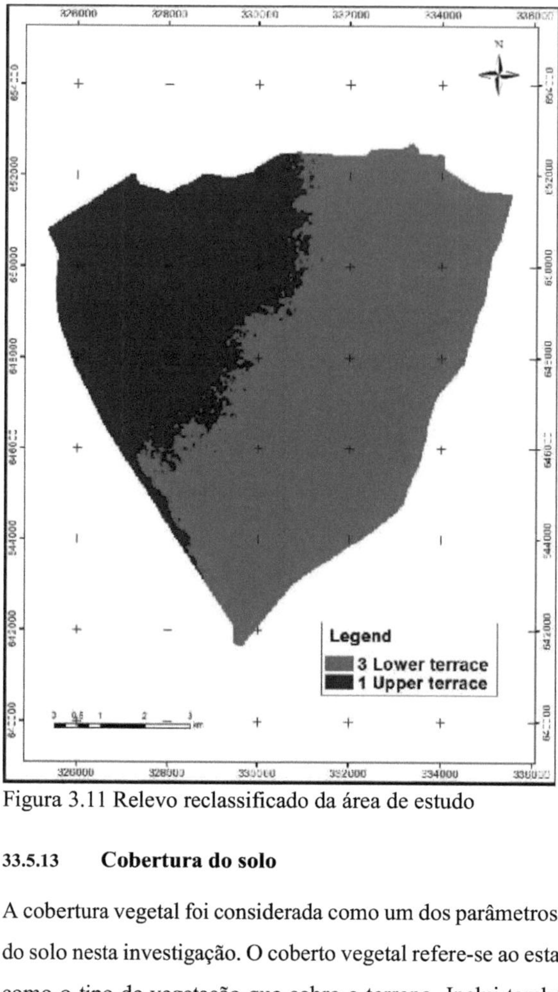

Figura 3.11 Relevo reclassificado da área de estudo

33.5.13 Cobertura do solo

A cobertura vegetal foi considerada como um dos parâmetros na construção do modelo de salinização do solo nesta investigação. O coberto vegetal refere-se ao estado físico da superfície terrestre, descrito como o tipo de vegetação que cobre o terreno. Inclui também estruturas feitas pelo homem, como edifícios ou pavimentos, e outros aspectos do ambiente físico, como os solos e a superfície da água. Neste estudo, as condições de vegetação foram utilizadas como o principal indicador da presença e gravidade dos solos salinos. Um nível elevado de salinidade do solo afecta o crescimento da maior parte das culturas, bem como a sua aparência, pelo que o estado da vegetação sob tensão pode ser um sinal indireto da presença de sais no solo. Isto pode ser detectado remotamente utilizando imagens de satélite, onde as condições da vegetação podem ser separadas em várias classes a partir de imagens de satélite. Para cartografar a densidade da vegetação e o coberto vegetal da zona a partir da imagem, o NDVI foi gerado a partir da imagem Landsat de 2010 e categorizado nas três classes seguintes, a saber, classes de vegetação esparsa, moderada e densa, que exprimem a densidade da vegetação

(Figura 3.12).

A cobertura do solo derivada do NDVI foi reclassificada e os valores de escala foram atribuídos a cada classe para a preparar para uma análise de sobreposição harmoniosa com outros parâmetros do modelo. O valor 1 da escala mínima foi atribuído à vegetação densa, uma vez que a salinidade é menos pronunciada em áreas bem vegetadas, e o valor 2 foi atribuído a áreas moderadamente vegetadas (Figura 3.12). O valor 3 foi atribuído à vegetação esparsa, uma vez que a salinidade se manifesta em vegetação stressada.

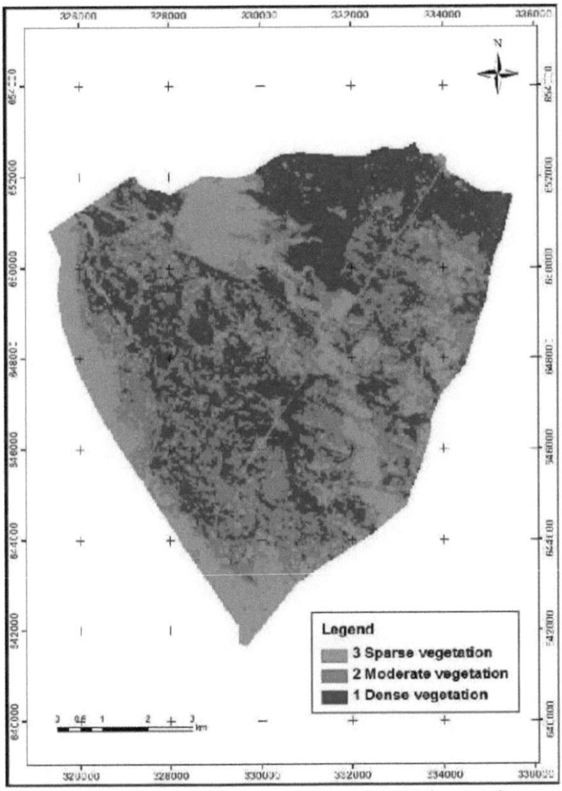

Figura 3.12 Cobertura do solo da área de estudo com base na densidade da vegetação

33.5.1.4 Gestão do território

O tipo de gestão das terras foi considerado no desenvolvimento do modelo, uma vez que as terras sob diferentes níveis de gestão contribuem em diferentes níveis para a formação da salinidade do solo. Na área de estudo, foram identificados três níveis de gestão da terra (Figura 3.13). Trata-se de terras irrigadas em explorações agrícolas estatais, culturas mistas de pequenos agricultores e terras não cultivadas com cobertura arbustiva. O valor de escala 3 foi atribuído à terra irrigada, uma vez que a terra era suscetível à salinização devido à irrigação intensiva e ao uso de fertilizantes artificiais. A terra não cultivada e o cultivo misto de pequenos agricultores receberam o valor de escala 1 e 2, respetivamente, devido à sua vulnerabilidade relativamente menor à salinidade (Figura 3.13).

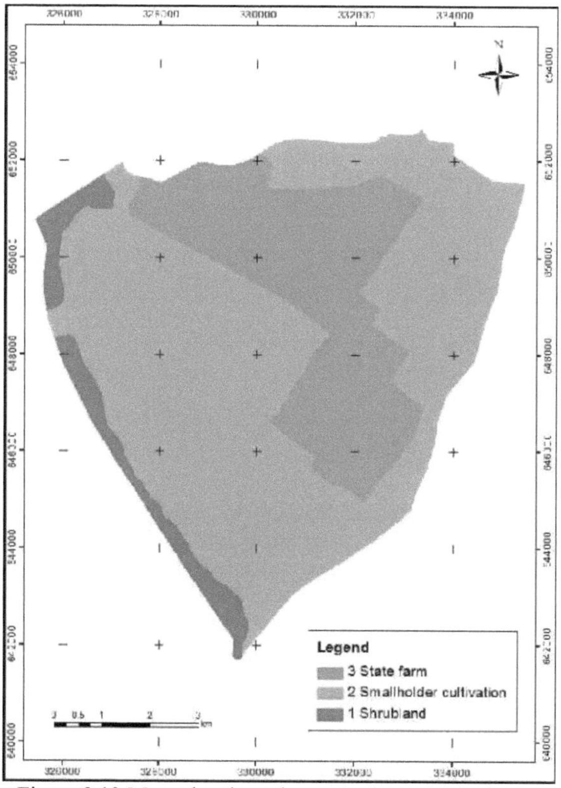

Figura 3.13 Mapa dos tipos de gestão do território da zona de estudo

33.5.1.5 Textura do solo

Outro parâmetro que afecta a salinidade do solo é a distribuição do tamanho das partículas do solo. Geralmente, a ascensão capilar é maior em solos de textura média do que em solos de textura fina. A salinidade superficial do solo foi mais importante em solos de textura média do que em solos de textura fina (Bouksila et al., 2010). A estratificação do solo também tem influência no aumento da capilaridade. Os solos da área de estudo são caracterizados por argila, argila siltosa, franco-argilosa, franco-argilosa siltosa, franco-siltosa, franco-arenosa e cascalho grosseiro. Para a análise da sobreposição, esta foi classificada em três classes (solos de textura fina, média e grosseira). Os solos argilosos e silto-argilosos foram classificados como solos de textura fina, tendo sido atribuído o valor 1 à escala, uma vez que contribuíam pouco para a salinidade, ao passo que os solos franco-argilosos, franco-silto-argilosos e franco-siltosos foram classificados como solos de textura média, tendo sido atribuído o valor 3 à escala, uma vez que a salinidade era mais pronunciada nos solos de textura média (Figura 3.14). Aos solos de textura grosseira (franco-arenosos e cascalho grosseiro) foi atribuído um valor de escala 1, uma vez que o processo era menos pronunciado nesta textura.

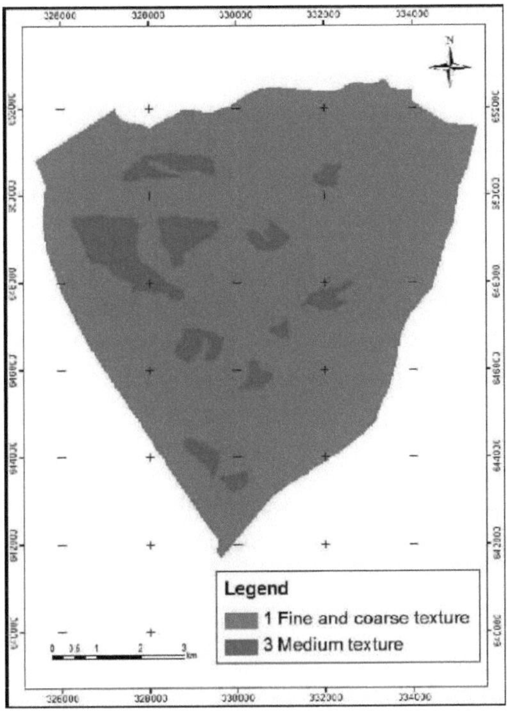

Figura 3.14 Mapa de classificação da textura do solo da zona de estudo

3352 Tomada de decisão multi-critério

O nível potencial de salinidade do solo foi obtido através da criação de um modelo de análise de sobreposição, que envolveu a ponderação dos valores de todos os conjuntos de dados, tais como o nível do lençol freático, o relevo, os tipos de gestão do solo, a textura do solo e a cobertura do solo. Cada critério foi ponderado de acordo com a sua importância na influência da salinização do solo. A avaliação multicritério foi utilizada na análise de sobreposição ponderada em que os pesos de todas as camadas combinadas somam um. Foram desenvolvidas ponderações que representam a importância relativa das preocupações. O procedimento utilizado para estabelecer o valor do peso para cada camada envolvida na análise de sobreposição foi a comparação de pares no software IDRISI Andes versão 15.0. A comparação baseou-se na importância relativa dos dois critérios envolvidos na determinação da vulnerabilidade da área à salinidade. Assim, foram comparados todos os pares possíveis e as classificações foram registadas numa matriz de comparação de pares (Quadro 3.3).

Layer	**Water table level**	**Landform**	**Land management**	**Land-cover**	**Soil texture**
Water table level	1				
Landform	1/2	1			
Land management	1/2	1/2	1		
Land-cover	1/3	1/2	1/2	1	
Soil texture	1/3	1/3	1/2	1/2	1

Tabela 3.3 Comparação par a par das camadas de factores.

O peso resultante da comparação de pares para cada fator de salinidade do solo é apresentado no Quadro 3.4. O peso derivado para o nível do lençol freático foi de 0,36, o que indica que o lençol freático tem cerca de 36% de influência na indução da salinidade do solo na área de estudo. A forma do terreno é o segundo fator que influencia a salinidade do solo em 25%, enquanto a gestão da terra, o coberto vegetal e a textura do solo contribuem com 18%, 12% e 9%, respetivamente. Para gerar um mapa dos solos afectados pelo sal a partir da análise de sobreposição ponderada do modelo de salinização do solo, o valor da célula de cada parâmetro do modelo foi multiplicado pelo respetivo peso. Os valores das células resultantes foram adicionados para produzir o raster de saída final, mostrando o nível de salinidade do solo. Para gerar o mapa final dos solos afectados por sais, o mapa raster foi reclassificado em quatro classes, variando de 1 a 4. No raster de saída, o valor mais elevado indica áreas de forte nível de salinidade, enquanto o valor mais baixo do raster indica um nível de salinidade menor.

Quadro 3.4Principal vetor próprio da matriz de comparação de pares.

Factor	**Weight**
Water table level	0.36
Landform	0.25
Land management	0.18
Land-cover	0.12
Soil texture	0.09

33.6 Distribuição espacial da salinidade em relação ao lençol freático e ao mapa de solos

Foi feita uma tentativa de mostrar a distribuição espacial do solo afetado pelo sal em relação ao mapa do solo e ao mapa do lençol freático. Depois de se ter gerado um mapa dos solos afectados por sais a partir dos dois modelos e de se ter procedido a uma comparação, foi selecionado o melhor mapa e efectuada uma análise de sobreposição com o tipo de solo e o mapa do lençol freático para mostrar a distribuição dos solos salinos.

33.6.1 Lençol freático

Para avaliar a distribuição espacial dos solos afectados pelo sal em relação ao lençol freático, foi gerado um mapa do nível do lençol freático a partir de dados de pontos do lençol freático adquiridos ao GIRDC, recolhidos em dezembro de 2008 e janeiro de 2009. Os dados dos pontos do nível do lençol freático foram interpolados para desenhar o mapa do lençol freático, mostrando as áreas criticamente alagadas, potencialmente alagadas e seguras (Tabela 3.5).

Tabela 3.5 Classificação da profundidade do lençol freático.

Water table depth	Risk of water logging
0.5-2	Critically water logged
2-3	Potentially water logged
>3	Safe area

O estudo de Khorasgani e Karimi (2008) mostra que um lençol freático pouco profundo conduz a um elevado movimento capilar da água e aumenta o risco de salinização. Este ponto de vista foi tido em conta para avaliar a distribuição dos solos salinos e o mapa do lençol freático gerado (Figura 3.15) foi sobreposto ao mapa dos solos afectados pelo sal.

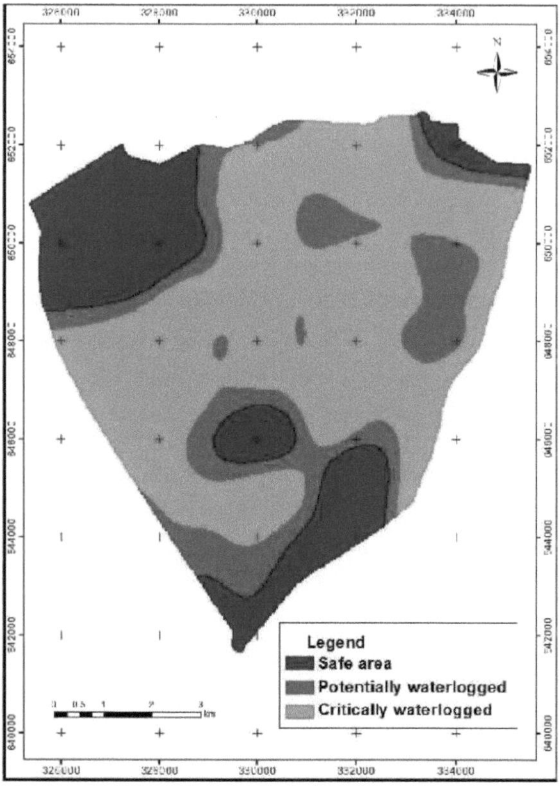

Figura 3.15 Mapa do nível das águas subterrâneas da zona de estudo

33.6. 2Mapa de tipos de solo

Para avaliar a distribuição espacial dos solos salinos em função do tipo de solo, o mapa dos solos afectados pelo sal foi sobreposto ao mapa do tipo de solo. Para o efeito, foi obtido no GIRDC um mapa com as oito principais classes de solos da FAO, à escala de 1:10.000, com base no levantamento dos solos de 2009. Os principais tipos de solo da área de estudo são Cambissolos, Fluvisolos, Luvisolos, Vertissolos, Gleysolos, Solonetz, Solonchaks e Leptossolos (Figura 3.16). Entre estes, Solonetz e Solonchaks são solos que ocorrem normalmente em regiões áridas e semi-áridas associadas à salinidade.

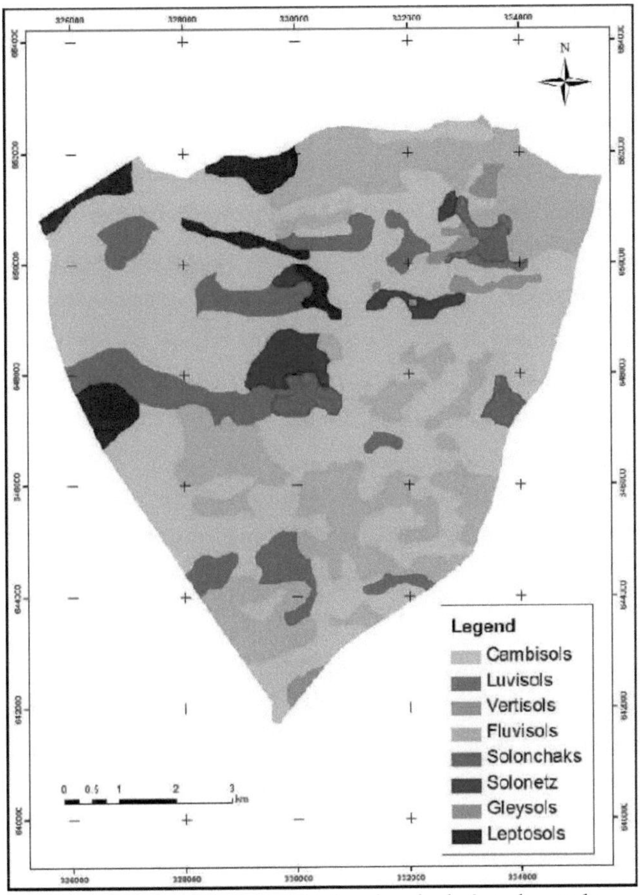

Figura 3.16 Mapa do tipo de solo da área de estudo

CAPÍTULO 4

Resultados

4.1 Caracterização das zonas afectadas pelo sal

A definição de solos salinos baseia-se nos valores de ECe entre 0-0,6 m de profundidade. Esta zona situa-se na zona das raízes da maioria das culturas. Assim, é classificado em quatro classes de níveis de salinidade, tais como não-salino, ligeiramente salino, moderadamente salino e fortemente salino com valores ECe de <4 mS/cm, 4-8 mS/cm, 8-15 mS/cm e >15 mS/cm, respetivamente. No entanto, a interpretação e a classificação das imagens de satélite baseiam-se na reflectância relativa das caraterísticas e não dariam classes satisfatórias de salinidade das áreas afectadas pelo sal. No entanto, pode fornecer uma imagem aparente do estado de salinidade da zona.

4.1.1 Não salino

Os solos não salinos são caracterizados por uma CEe do solo inferior a 4mS/cm e não têm qualquer efeito no crescimento da maioria das plantas. Nas imagens de satélite, estas áreas foram distinguidas como bem vegetadas com crescimento normal das plantas. O perfil de reflectância espetral para estas áreas mostrou uma elevada reflectância na banda 4 (NIR). Isto é verdade para o crescimento normal das plantas, mas a quantidade depende do desenvolvimento da folha e da estrutura celular das folhas. Estas zonas são identificadas como verde escuro no compósito de cor verdadeira ou vermelho escuro no compósito de cor falsa (FCC: 4-3-2).

4.12 Ligeiramente salino

São zonas com um ligeiro nível de salinidade com valores de ECe de 4-8mS/cm. A vegetação nestas áreas está ligeiramente alterada devido ao ligeiro nível de sal nos solos. Estas zonas são identificadas com uma cor branca rosada no False Colour Composite da imagem Landsat TM.

4.13 Moderadamente salino

A vegetação neste solo é moderadamente afetada e tem um crescimento limitado devido aos níveis de salinidade, que normalmente variam entre 8-15 mS/cm. Estas áreas são apresentadas a azul claro na composição de falsa cor.

4.14 Fortemente salino

Em geral, os solos fortemente salinos são caracterizados por um elevado nível de sal no solo (>15 mS/cm), o que limita o crescimento das plantas. A reflectância espetral relativa dos solos fortemente salinos é mais elevada na maioria das bandas. As áreas afectadas pelo sal são identificadas com uma cor rosa brilhante na FCC (4-3-2). À medida que se torna mais brilhante, é difícil diferenciá-las do pousio ou da terra nua.

4.2 Resultado da interpretação da imagem

Foram analisadas imagens de satélite que abrangem um período de 26 anos para se ter uma ideia clara do impacto da irrigação no aumento da salinidade.

42.1 Resultados da classificação supervisionada de imagens

A classificação supervisionada das imagens de satélite de três anos diferentes resultou em cinco classes de coberto vegetal. As cinco coberturas de terra identificadas são: cultivo intensivo, cultivo disperso, terra nua, pousio e massa de água/pântano (Figura 4.1).

No processo de classificação, foi atribuída uma área de treino a cada uma das classes de ocupação do solo, com base na assinatura de reflectância das diferentes caraterísticas das combinações de bandas (FCC: 4-3-2). Para minimizar o erro de classificação resultante da semelhança das propriedades de reflectância das caraterísticas, foi feita uma visita ao terreno para recolher pontos de controlo para a imagem recente e foi feita uma discussão informal com os agricultores sobre a história passada da área para as duas últimas imagens (1984 e 1995). Após a visita ao terreno, foi efectuada a pós-classificação das três imagens com base na informação recolhida no terreno. Em seguida, as áreas incorretamente classificadas foram alteradas através da vectorização da imagem anteriormente classificada.

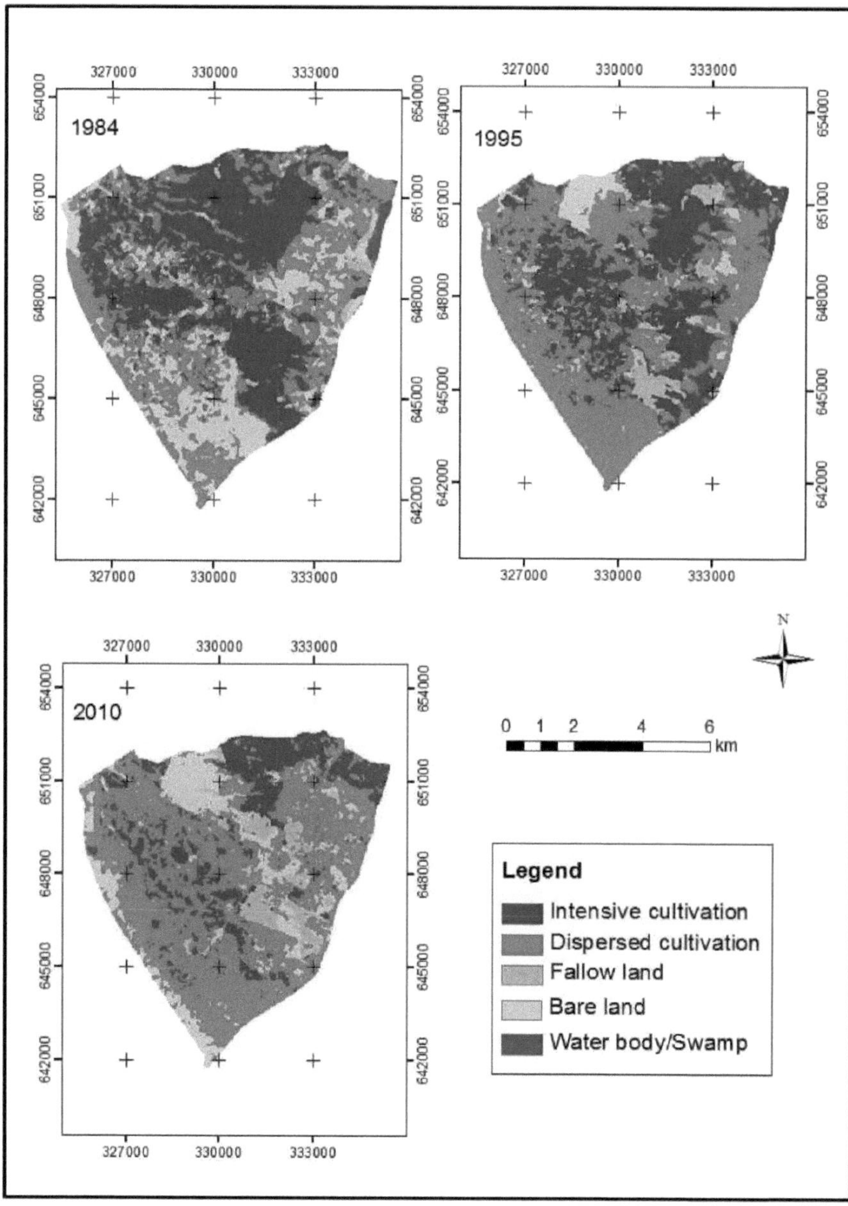

Figure 4.1 Mapas de ocupação do solo de 1984, 1995 e 2010

Os resultados da classificação supervisionada revelaram que as áreas de cultivo intensivo diminuíram gradualmente de 40,9% para cerca de 18,4% da área de 1984 a 2010, com uma taxa média de 3,1% ao ano (Tabela 4.1). A maior parte do cultivo intensivo foi transformada em cultivo disperso devido ao aumento da salinidade que afectava o crescimento das culturas, resultante do desenvolvimento da irrigação a longo prazo (quadro 4.2). Registou-se um ligeiro decréscimo na extensão do cultivo intensivo durante o período 1984-1995, mas observou-se um maior decréscimo durante o período 1995-2010. A massa de água ao longo da margem do Lago Chamo, que era de cerca de 55 ha em 1984, tinha desaparecido e surgiram pântanos no meio da exploração em 1995 e 2010, representando 1 ha e 2 ha, respetivamente. A área em pousio era de cerca de 2,2% em 1984, tendo aumentado para 5,6% em 1995 e para 7,3% em 2010 (Figura 4.1). As áreas de solos afectados pelo sal foram abandonadas devido à sua baixa produtividade, uma vez que a maioria das culturas não tem tolerância para crescer em áreas altamente salinas.

Tabela 4.1 Classes de ocupação do solo da área de estudo e taxas de alteração durante o período de análise (1984, 1995 e 2010).

Land-use/land-cover class	Year						Change/year from 1984 to 2010	
	1984		1995		2010			
	Area (ha)	Area (%)	Area (ha)	Area (%)	Area (ha)	Area (%)	Change (ha)	Change (%)
Intense cultivation	2760	40.9	2511	37.2	1244	18.4	-58	-3.1
Dispersed cultivation	2572	38.1	3451	51.1	4094	60.7	59	1.8
Bare land	1211	17.9	405	6.0	911	13.5	-12	-1.1
Fallow land	148	2.2	379	5.6	495	7.3	13	4.6
Water body/Swamp	55	0.8	1	0.0	2	0.0	-2	-13.7
Total	**6747**	**100.0**	**6747**	**100.0**	**6747**	**100.0**		

Tabela 4.2 Proporção de coberto vegetal convertido de cada classe durante 1984-2010.

	Class	Land-cover type of 2010 (ha)					
		Intense cultivation	Dispersed cultivation	Bare land	Fallow land	Swamp	Total
Land-cover type of 1984 (ha)	Intense cultivation	**660.6**	1472.1	375.5	261.2	0.0	**2769.3**
	Dispersed cultivation	446.5	**1593.3**	358.4	165.5	0.6	**2564.3**
	Bare land	100.8	890.5	**168.4**	50.6	0.3	**1210.7**
	Fallow land	23.5	96.6	9.4	**17.5**	0.6	**147.6**
	Water body	17.5	36.4	0.0	1.1	**0.0**	**55.0**
	Total	**1248.8**	**4088.9**	**911.7**	**495.8**	**1.6**	**6746.9**

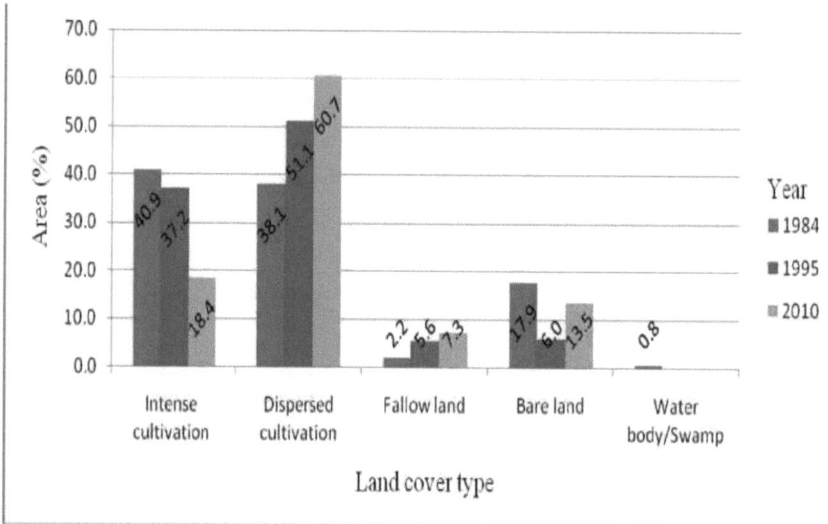

Figura 4.2 Área da classe de ocupação do solo a partir da classificação supervisionada (1984, 1995 e 2010)

42.1 Análise dos índices

O resultado mostra que cerca de 64,9% das áreas eram não-salinas em 1984, o que diminuiu gradualmente para 40% em 2010 (Tabela 4.3). Dos 4376 ha não salinos em 1984, apenas 1976 ha permaneceram não salinos, enquanto os restantes 2400 ha foram convertidos em ligeiramente salinos, moderadamente salinos e fortemente salinos, com uma grande área convertida em ligeiramente salina (Quadro 4.4). Observaram-se grandes alterações de área nos solos fortemente e moderadamente salinos. O solo moderadamente salino era cerca de 7,6% em 1984, tendo aumentado para 13,6% e 22,0% em 1995 e 2010, respetivamente (Figura 4.4). Esta situação registou uma taxa média de aumento de 4,1% por ano no período de análise de 26 anos. A área de solos fortemente salinos aumentou a uma taxa de 5,5% por ano (6 ha/ano), tendo sido observada uma grande mudança de área no período de 1995 - 2010. O mapa de solos afectados por sal para os três anos diferentes revelou que os solos moderadamente e fortemente salinos se concentraram na parte central e em grande parte na parte oriental da área de estudo, ao longo do lado do Lago Chamo. Isto indica que o lago pode contribuir para a salinidade da área através do aumento das águas subterrâneas. Uma massa de água (parte do Lago Chamo) com 53 ha, que foi detectada na imagem de 1984, desapareceu nas imagens de 1995 e 2010. Esta foi em grande parte convertida em áreas não salinas e ligeiramente salinas, e algumas áreas em solos moderada e fortemente salinos.

Tabela 4.3 Classes de salinidade do solo derivadas do NDSI e taxa de variação para 1984, 1995 e 2010.

	Year						Change/year from 1984 to 2010	
	1984		1995		2010			
Soil salinity class	Area (ha)	Area (%)	Area (ha)	Area (%)	Area (ha)	Area (%)	Change (ha)	Change (%)
Non-saline	4376	64.9	3979	59.0	2702	40.0	-64	-1.9
Slightly saline	1755	26.0	1777	26.3	2360	35.0	23	1.1
Moderately saline	514	7.6	916	13.6	1485	22.0	37	4.1
Strongly saline	48	0.7	75	1.1	200	3.0	6	5.5
Water body	53	0.8	0	0.0	0	0.0	-2	
Total	**6747**	**100**	**6747**	**100**	**6747**	**100**		

Tabela 4.4 Proporção da extensão da área de estudo onde a salinidade foi convertida de cada classe para as restantes durante 1984-2010.

		Soil salinity in 2010 (ha)				
	Salinity class	**Non-saline**	**Slightly saline**	**Moderately saline**	**Strongly saline**	**Total**
Soil salinity in 1984 (ha)	Non-saline	**1976.1**	1395.3	893.7	110.5	**4375.5**
	Slightly saline	556.7	**695.8**	439.7	63.9	**1756.2**
	Moderately saline	136.7	225.7	**133.0**	20.2	**515.6**
	Strongly saline	12.9	18.4	13.3	**1.8**	**46.4**
	Water body	25.7	21.8	5.0	0.5	**53.1**
	Total	**2708.2**	**2357.1**	**1484.7**	**196.9**	**6746.9**

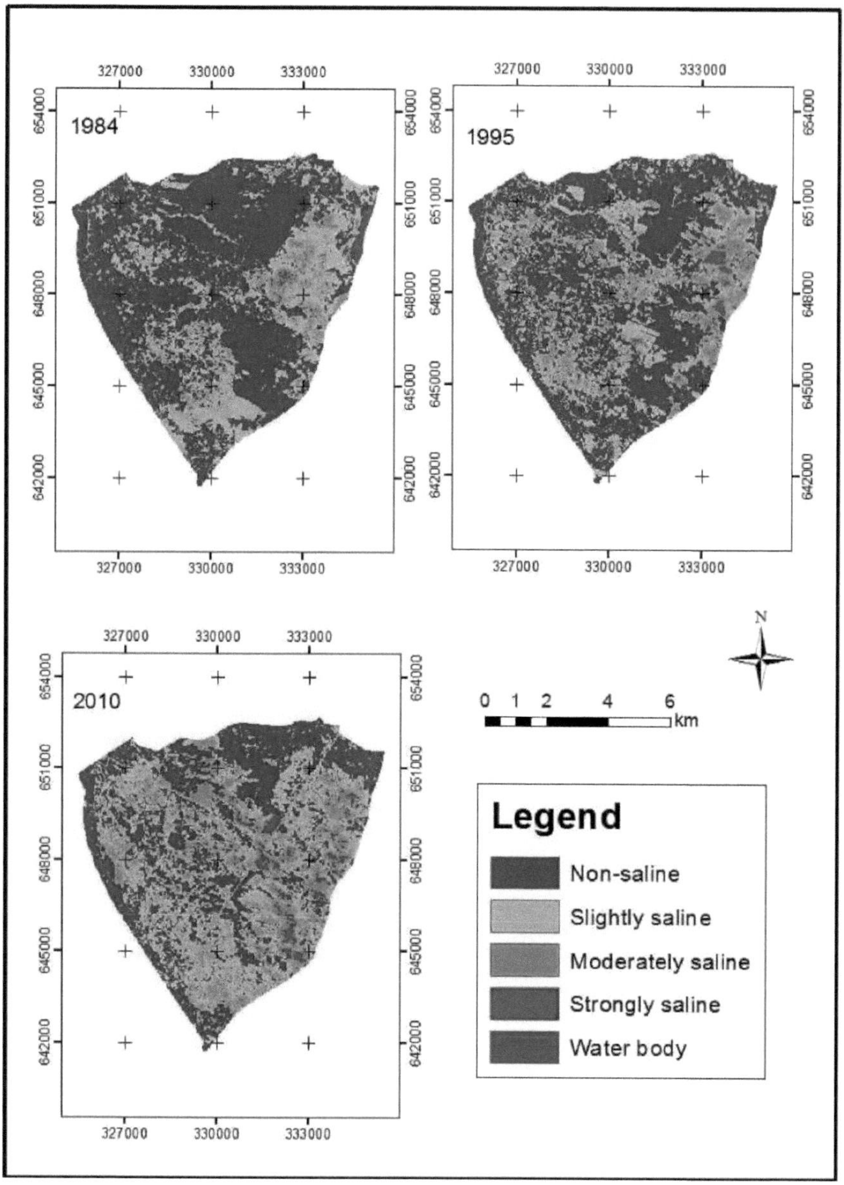

Figura 4.3 Áreas afectadas pelo sal derivadas do NDSI para 1984, 1985 e 2010.

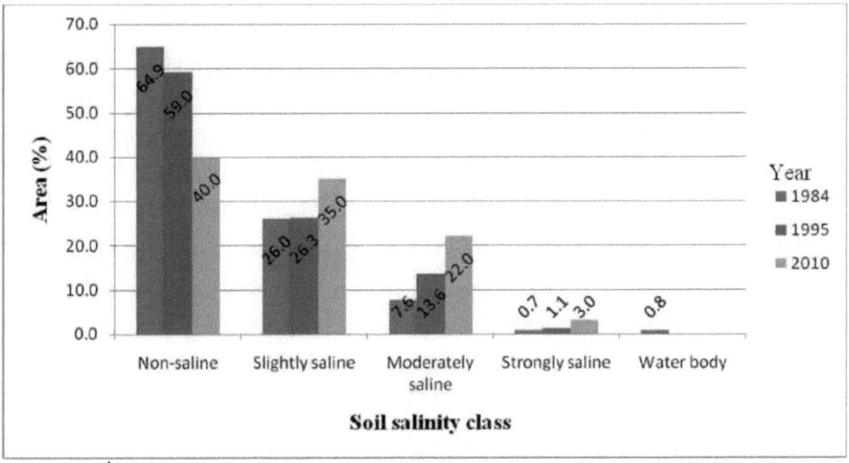

Figura 4.4 Área (%) de solos afectados por sal derivada do NDSI para 1984, 1995 e 2010.

43 Modelo empírico a partir da salinidade do solo (ECe) e do NDSI

O modelo empírico derivado de ECe vs NDSI ofereceu um coeficiente de determinação de 66,0 % (Figura 4.5). Para obter o nível de salinidade em qualquer ponto de toda a área diretamente a partir da imagem, o modelo foi alargado no ArcGIS utilizando o model builder. O modelo empírico derivado:

$$\text{Salinidade} = 58{,}06x^2 + 32{,}63x + 6{,}63$$

Onde, x é a reflectância espetral/NDSI

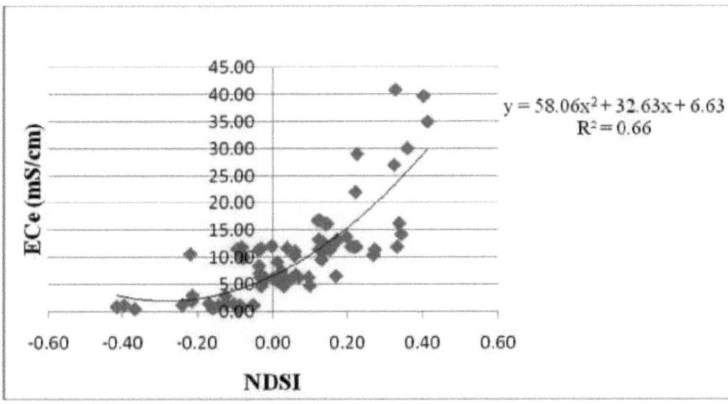

Figura 4.5 Modelo de análise de regressão entre ECe e NDSI

O mapa dos solos afectados pelo sal derivado do modelo empírico (Figura 4.6) mostra que foram identificadas quatro classes de níveis de salinidade com diferentes extensões da área. Estas classes são

solos salinos, ligeiramente salinos, moderadamente salinos e fortemente salinos. Os solos não salinos ocupam a maior parte com uma área de 3692,7 ha, o que corresponde a 54,7% da área total (Tabela 4.5). Os solos fortemente salinos cobrem cerca de 2,0% da área, concentrando-se na parte central da área de estudo. Espacialmente, coincide com as derivadas da classificação supervisionada e da classificação NDSI, exceto no que diz respeito à variação da cobertura da área. No entanto, o modelo realçou algumas novas áreas irregulares de forte salinidade no limite norte e oeste da área de estudo. Os solos ligeiramente salinos e moderadamente salinos cobrem 32,6% e 10,6% da extensão da área de estudo (Figura 4.6), respetivamente, e encontram-se dispersos por toda a área de estudo.

Tabela 4.5 A extensão da área que apresenta níveis de salinidade do solo derivados do modelo empírico.

Salinity level (mS/cm)	Salinity Extent	Area (ha)	Area (%)
2.05-4	Non-saline	3692.7	54.7
4-8	Slightly saline	2202.0	32.6
8-15	Moderately saline	715.0	10.6
>15	Strongly saline	136.9	2.0
Total		**6746.5**	**100.0**

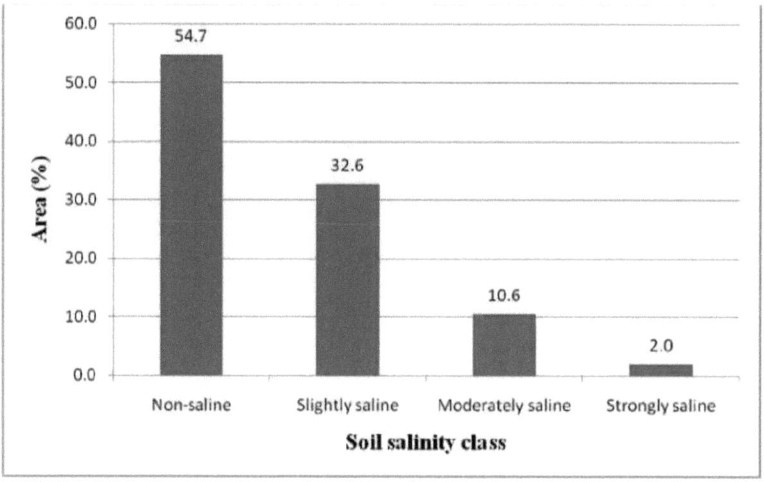

Figura 4.6 A extensão da área dos solos afectados pelo sal derivada do modelo empírico

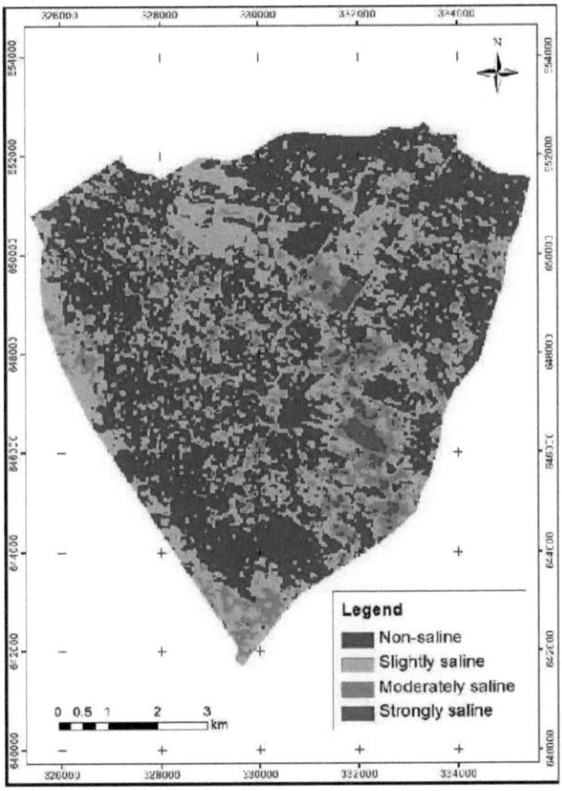

Figura 4.7 Mapa do solo afetado por sal na área de estudo, conforme revelado pelo modelo empírico

4 Um **modelo de salinização por sobreposição**

O modelo de salinidade foi desenvolvido através da sobreposição de cinco camadas de factores, revelando que o lençol freático teve um maior grau de influência (cerca de 36%), seguido da forma do terreno (25%). A gestão e o coberto vegetal tiveram uma influência de 18% e 12%, respetivamente, e a textura do solo teve uma influência de 9%.

Salinidade = (0,36xNível freático) + (0,25xForma do terreno) + (0,18xGestão do terreno) + (0,12xCobertura do terreno) + (0,09xTextura do solo)

O resultado da sobreposição do modelo de salinização do solo revelou a existência de quatro níveis de salinidade do solo com uma extensão de área variável, tais como solos fortemente salinos, moderadamente salinos, ligeiramente salinos e não salinos (Figura 4.9).

O resultado do modelo de sobreposição revelou que a maior parte da área de estudo era moderadamente salina (Tabela 4.6 e Figura 4.8 e 4.9), que se concentrava nas partes central e oriental da área de estudo, onde o nível do lençol freático era moderado a raso, e caracterizado por uma forma de terreno baixa ao longo da margem do Lago Chamo. Isto indica que o nível raso do lençol freático e as formas de relevo baixas contribuem em grande medida para a salinidade do solo. A qualidade das águas subterrâneas indica níveis de salinidade mais elevados nas partes mais baixas da área de estudo, o que pode dever-se à salinização resultante de más práticas de gestão da água ou à influência do Lago Chamo na salinidade das águas subterrâneas perto da margem do lago. Consequentemente, a profundidade das águas subterrâneas pouco profundas tem maior influência no aumento da salinidade do solo e a maior profundidade do nível das águas subterrâneas tem menor influência no modelo de salinização do solo. Cerca de 2,8% da área era fortemente salina e estava concentrada na parte central da área de estudo, onde a gestão da terra era maioritariamente feita por explorações agrícolas estatais e caracterizada por lençóis freáticos pouco profundos e um relevo pouco acidentado. A área sem sal (não salina) representa 26,6% da área de estudo e 31,2% da área era ligeiramente salina. O mapa revelou que as terras baixas e as áreas com lençóis freáticos pouco profundos são muito afectadas pela salinidade.

Tabela 4.6 A extensão da área das classes de salinidade derivadas do modelo de sobreposição

Salinity class	Area (ha)	Area (%)
Non-saline	1791.2	26.6
Slightly saline	2103.1	31.2
Moderately saline	2662.9	39.5
Strongly saline	189.2	2.8
Total	**6746.5**	**100.0**

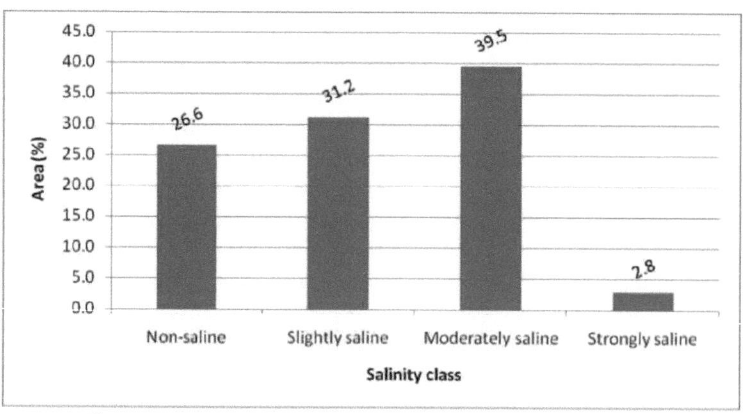

Figura 4.8 Extensão da área dos solos afectados pelo sal a partir do modelo de

sobreposição

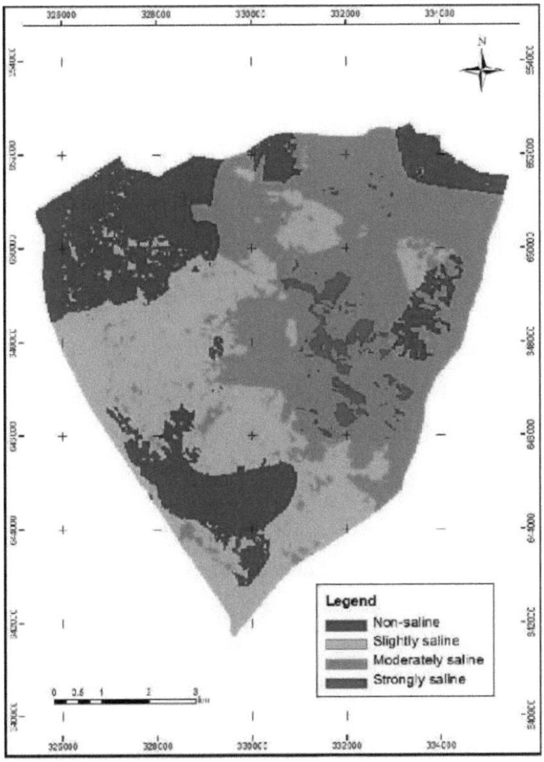

Figura 4.9 Mapa de solos afectados por sal a partir do modelo de sobreposição

4.5 Validação e comparação dos modelos

A validação e a comparação dos modelos empíricos derivados do ECe do solo *vs* NDSI e do modelo de salinidade de sobreposição das quatro camadas de factores foram feitas através da plotagem do valor ECe e do valor raster do mapa de salinidade do modelo empírico e do modelo de sobreposição no diagrama disperso, e a correlação entre o valor ECe e o valor raster de cada um dos modelos foi derivada.

O teste de validade do modelo empírico mostrou que a relação entre o valor medido de ECe e a salinidade derivada do modelo tinha uma correlação elevada (66,0 %) (Figura 4.10). A validação do modelo de sobreposição também foi efectuada e a correlação entre o valor medido de ECe e a salinidade derivada do modelo também foi considerada correlacionada (68,0%) (Figura 4.11). Os coeficientes de correlação mostraram que ambos os modelos tinham aproximadamente a mesma validade. No entanto, o modelo de sobreposição mostrou uma melhor validade em comparação com o modelo empírico. Assim, a previsão das áreas afectadas pelo sal pode ser executada utilizando o modelo de salinização do solo sobreposto desenvolvido a partir das cinco camadas de factores (nível do lençol freático, relevo, tipo de gestão do solo, textura do solo e cobertura do solo).

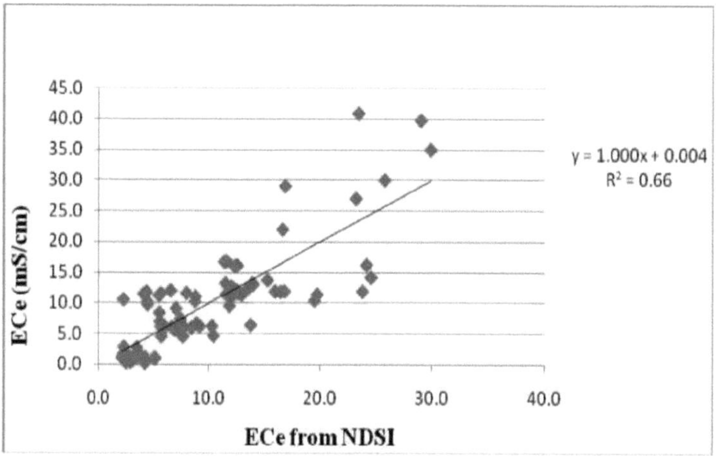

Figura 4.10 Correlação entre o ECe medido e o ECe do modelo empírico

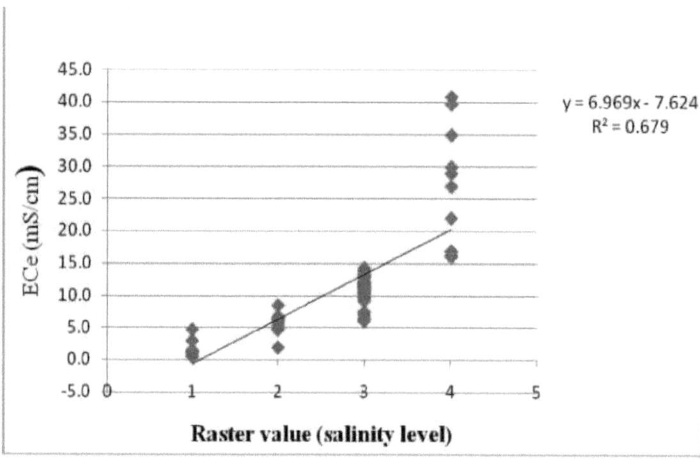

Figura 4.11 Correlação entre o ECe medido e o valor raster do modelo de sobreposição (nível de salinidade)

As fotografias de campo mostram o estado da salinidade no terreno. Os sais cristalinos foram claramente vistos na superfície da terra em algumas das áreas durante as visitas de campo (Placa 4.1). Atualmente, a maioria destas áreas está abandonada do cultivo. Algumas áreas estão a ser utilizadas para pastagem.

Placa 4.1 Fotografia mostrando as zonas de espalhamento de cristais de sal à superfície na parte oriental da área de estudo

4.6 Distribuição das zonas afectadas pelo sal em função do lençol freático e do tipo de solo

Para mostrar a distribuição espacial dos solos afectados pelo sal, o mapa do tipo de solo e o mapa do lençol freático foram sobrepostos ao mapa dos solos afectados pelo sal.

4.6. 1Quadro de água

A irrigação é a principal causa da subida do lençol freático superficial em condições de evapotranspiração intensa, o que conduziu indiretamente à salinização do solo. Foi feita uma tentativa de mostrar a distribuição real dos solos afectados pelo sal em relação à profundidade do lençol freático. A Tabela 4.7 mostra que 13,1% da área, que é de solos não-salinos, está na profundidade do lençol freático, enquanto 8,6% da área era ligeiramente salina (abaixo do lençol freático profundo). Não foi identificado solo fortemente salino na profundidade do lençol freático, mas havia uma pequena área (1,2%) com salinidade moderada na profundidade do lençol freático. Da área de 3873,6 ha, que se encontrava a pouca profundidade do lençol freático, cerca de 917,9 ha e 2265,0 ha eram ligeiramente e moderadamente salinos, respetivamente. O presente resultado mostrou que quase todos os solos fortemente salinos, cobrindo uma área de cerca de 2,8%, estavam situados em lençóis freáticos pouco profundos, indicando uma maior contribuição do lençol freático para o aumento da salinidade do solo.

Tabela 4.7 Distribuição da salinidade do solo na área de estudo em função da profundidade do lençol freático.

Water table depth	Soil salinity classes								Total (ha)
	Non-saline		Slightly saline		Moderately saline		Strongly saline		
	Area (ha)	Area (%)	Area (ha)	Area (%)	Area (ha)	Area (%)	Area (ha)	Area (%)	
Deep	884.8	13.1	579.8	8.6	78.9	1.2	0.0	0.0	1543.5
Moderate	404.9	6.0	605.5	9.0	319.0	4.7	0.1	0.0	1329.4
Shallow	501.5	7.4	917.9	13.6	2265.0	33.6	189.2	2.8	3873.6
Total	1791.2	26.6	2103.1	31.2	2662.9	39.5	189.2	2.8	6746.5

4,62 Tipo de solo

Os solos da área de estudo são formados principalmente por aluviões depositados pelos rios Sego e Sile e por depósitos lacustres sobrepostos. As aluviões são compostas por produtos de meteorização das rochas vulcânicas das bacias hidrográficas dos rios. A área é caracterizada por oito tipos principais de solos, tais como Cambissolos, Fluvisolos, Gleissolos, Luvisolos, Solonchaks, Solonetz, Vertisolos e Leptossolos. O mapa dos solos afectados pelo sal foi sobreposto ao mapa do tipo de solo para mostrar a sua distribuição. Os resultados revelaram que os Cambissolos, que dominam a área de estudo numa extensão de 3683,3 ha, foram largamente afectados pela salinidade, enquanto 8% e 2,2%, respetivamente, da área são moderadamente e fortemente salinos (Quadro 4.8). O próximo solo afetado pela salinidade é o Fluvisols, que ocorre em terrenos baixos e se encontra em grande parte sob um nível de salinidade moderado, representando 11,5% da área. Os Solonchaks e Solonetz associados aos solos afectados pelo sal encontram-se em grande parte sob um nível de salinidade moderado, com uma área de 155,4 ha (2,3%) e 138,3 ha (2,0%), respetivamente. O resto dos solos eram ligeiramente e fortemente salinos, representando coletivamente 0,6% da área.

Tabela 4.8 Distribuição da salinidade do solo na área de estudo em função do tipo de solo

	Soil salinity classes								
	Non-saline		**Slightly saline**		**Moderately saline**		**Strongly saline**		Total
Soil types	Area (ha)	Area (%)	Area (ha)	Area (%)	Area (ha)	Area (%)	Area (ha)	Area (%)	Area (ha)
Cambisols	1066.1	15.8	1136.2	16.8	1334.9	19.8	146.4	2.2	3683.6
Fluvisols	399.7	5.9	436.7	6.5	776.2	11.5	35.7	0.5	1648.4
Gleysols	10.7	0.2		0.0	36.0	0.5	0.9	0.0	47.5
Luvisols	189.3	2.8	363.2	5.4	120.6	1.8	0.3	0.0	673.4
Solonchaks	7.4	0.1	3.0	0.0	155.4	2.3	0.5	0.0	166.3
Solonetz	6.2	0.1	30.8	0.5	138.3	2.0	4.7	0.1	180.0
Vertisols	2.8	0.0	27.9	0.4	29.3	0.4	0.0	0.0	60.0
Leptosols	109.0	1.6	105.2	1.6	72.3	1.1	0.8	0.0	287.3
Total	1791.2	26.6	2103.1	31.2	2662.9	39.5	189.2	2.8	6746.5

5. Discussão

As práticas agrícolas insustentáveis, juntamente com muitos outros factores físicos, socioeconómicos e políticos, têm sido as forças motrizes da degradação dos solos. As alterações na utilização das terras, especialmente o cultivo em terras desflorestadas e em terras inadequadas, podem diminuir rapidamente a qualidade do solo, uma vez que as componentes ecologicamente sensíveis dos habitats não são capazes de amortecer os efeitos adversos. Em consequência, pode ocorrer uma grave deterioração da qualidade do solo, levando a uma degradação permanente da produtividade da terra, e a degradação da terra aumenta os custos agrícolas para manter a fertilidade do solo (Abera e Belachew, 2011; Mojiri et al., 2011). As ferramentas geoespaciais modernas, como a deteção remota e os SIG, são capazes de analisar as alterações nos padrões de LULC e os seus impactos à escala regional e global (Mengistu e Salami, 2007). O presente estudo de caso analisou essas alterações afectadas pelo crescimento constante da população humana durante as últimas três décadas num dos países em desenvolvimento dos trópicos, onde a economia agrícola está a avançar rapidamente.

Existe uma correlação entre as alterações do uso e ocupação do solo e a salinização do solo resultante de práticas de irrigação a longo prazo. As alterações do uso e da ocupação do solo estão particularmente relacionadas com o aumento da população humana e a agricultura intensiva (Verburg e Chen, 2000). Kalra et al. (2010) estudaram os solos afectados pelo sal das aldeias de Kotri e Taswaria com base nas imagens IRS LISS EH FCC, que apresentavam uma cor branca brilhante a cinzento claro e uma textura lisa com manchas brancas. Em estudos de caso do Irão e do Egito, a inclusão da banda térmica 6 em combinações de bandas Landsat TM selecionadas (as melhores) melhorou a separação de solos salinos de solos desérticos gipsíferos e de textura grosseira, e aumentou substancialmente a precisão global e a precisão das classes (Goossens et al., 1999).

A modificação e conversão do coberto vegetal são determinadas por interações no espaço e no tempo entre as dimensões biofísicas e humanas (Skole et al., 1994; Turner et al., 1994, 1995; Misrak et al., 2012). O aumento da salinidade nos solos provocou alterações no padrão LULC na área e, como resultado do aumento da salinidade, a terra tornou-se improdutiva para a agricultura. As áreas que eram anteriormente de cultivo intensivo foram abandonadas num passado recente e desenvolveram-se como terras estéreis, em pousio ou escassamente cultivadas devido ao aumento da salinidade. A maioria das áreas não salinas nas três imagens corresponde a terras intensamente cultivadas, enquanto as áreas moderadamente e fortemente salinas correspondem a terras escassamente cultivadas, estéreis ou em pousio.

O composto de falsa cor foi interpretado visualmente para culturas intensivas, culturas esparsas afectadas por salinidade moderada e culturas afectadas por salinidade severa com a ajuda de elementos de imagem como o tom, a textura, o padrão e a associação. A salinidade afecta todos os processos morfológicos, fisiológicos e bioquímicos, incluindo o crescimento das plantas e a absorção de nutrientes. Durante o inquérito, observou-se que a cultura do trigo parecia queimada e que o crescimento das plantas estava atrofiado. O stress hídrico e salino é particularmente importante para as culturas de regadio (Fowden et al., 1993; Willenbrog et al., 2004). Os agricultores abandonam as zonas afectadas pelo sal devido à sua baixa produtividade, uma vez que a maioria das culturas não tolera o crescimento em solos altamente salinos.

Os níveis de salinização do solo na área de estudo estão a aumentar de ano para ano, uma vez que a área está sob agricultura de regadio nas últimas três a quatro décadas (Ali et al., 2008). Registaram-se grandes alterações nos padrões LU/LC e na salinização do solo na área de estudo. No futuro, devem ser utilizadas imagens de satélite multitemporais para a monitorização contínua das áreas agrícolas e da dinâmica da salinidade nessas áreas. A análise integrada de parâmetros de dados espaciais e não espaciais utilizando ferramentas geoespaciais deve ser utilizada para a tomada de decisões.

No presente estudo, ambos os mapas de salinidade do solo mostraram que os solos moderadamente e fortemente salinos estão largamente concentrados nas partes oriental e central, especialmente os solos fortemente salinos estão na parte central da área de estudo. A área tem sido objeto de práticas agrícolas de regadio há mais de três décadas, o que seria a causa da salinização do solo na área.

Para uma melhor gestão dos solos afectados pelo sal, a salinidade do solo tem de ser monitorizada e cartografada, e a previsão das áreas afectadas pelo sal pode ser feita utilizando o modelo de salinização do solo sobreposto desenvolvido a partir das camadas de cinco factores, *a saber:* nível do lençol freático, relevo, tipo de gestão do solo, textura do solo e interações com a cobertura vegetal na área (Zheng et al., 2009). Este modelo fornece diretamente o nível de salinidade em qualquer ponto da imagem. Assim, é crucial determinar o potencial espacial de salinidade do solo da exploração de irrigação do Sego através da integração das funcionalidades do SIG utilizando o modelo de sobreposição. Trata-se de um método rápido e fiável de obter informações sobre a distribuição espacial da salinidade (Madyaka, 2008). A formação geológica da área de comando é caracterizada por uma única unidade. No entanto, a textura do solo foi utilizada como uma camada, uma vez que o tamanho do grão é importante para o processo devido à variabilidade da textura e da porosidade, que afecta o fluxo de água subterrânea. O lençol freático é um dos factores mais importantes, onde os sais presentes no solo se deslocam com a humidade do solo através de acções capilares e se tornam uma fonte de formação de solo salino quando o lençol freático está próximo da superfície do solo e a taxa de evaporação é elevada (Chaudhry et al., 1996). Isto indica que os lençóis freáticos pouco profundos e as formas de relevo de baixa altitude estão a contribuir largamente para a salinidade do solo. HALCROW-GIRDC (2009) revelou que a qualidade das águas subterrâneas indica níveis de salinidade mais elevados nas partes mais baixas da área de estudo, o que pode dever-se à salinização resultante de más práticas de gestão da água ou à influência do Lago Chamo na salinidade das águas subterrâneas perto da margem do lago. Consequentemente, a profundidade rasa da água subterrânea tem maior influência no aumento da salinidade do solo e a maior profundidade do nível da água subterrânea tem menor influência na salinização do solo.

As alterações nos níveis de salinidade com referência aos anos de irrigação são reveladas na presente área de estudo. Já foi revelado que, em combinação com os levantamentos tradicionais, a presença de sal na camada superficial do solo pode ser detectada com uma precisão razoável utilizando a deteção remota (Abdle e Mourad, 2012). A integração da teledeteção com os levantamentos tradicionais do solo e as abordagens geoespaciais modernas do solo conduz a uma abordagem mais precisa da cartografia digital da salinidade do solo (Lagacherie 2008). Os mapas de salinidade do solo elaborados a partir de técnicas empíricas e de sobreposição revelaram a ocorrência de salinidade na área de estudo, incluindo variações na extensão da cobertura da área das classes de salinidade, tal como referido anteriormente (Mccutcheon et al., 2006), e alterações nas propriedades físico-químicas do solo (Rongjiang e Jingsong 2010).

CAPÍTULO 5

Conclusões e recomendações

5.1 Conclusão

Em conclusão, as ferramentas geoespaciais são eficientes e poupam tempo para cartografar e prever a salinidade do solo através da aplicação de diferentes modelos. Os modelos de salinização empíricos e de sobreposição utilizados neste estudo mostram que uma extensão significativa da área é afetada pelo sal. No entanto, existem variações nas áreas não salinas e moderadamente salinas mapeadas utilizando os dois modelos. No entanto, o modelo de sobreposição tem uma melhor capacidade de previsão do que o modelo empírico. Embora o coeficiente de correlação entre a salinidade medida e o mapa de áreas afectadas pelo sal derivado do modelo empírico seja inferior ao do modelo de sobreposição, trata-se de um método bom e eficiente para detetar áreas afectadas pelo sal a partir de imagens de satélite e, por conseguinte, pode ser utilizado em áreas semelhantes que sofrem de problemas de salinização.

A determinação da salinização em termos de quando, onde e como a salinidade pode ocorrer é vital para uma agricultura sustentável e uma utilização óptima dos solos. Assim, o acompanhamento das alterações da salinidade e a previsão de uma maior salinização desempenham um papel importante na deteção atempada da salinização antes de causar efeitos prejudiciais no ambiente. Vários estudos e projectos, utilizando métodos tradicionais ou mais avançados, como a deteção remota e o SIG, foram realizados em diferentes partes das bacias dos lagos do Vale do Rift, na Etiópia, para avaliação e cartografia da salinidade. No entanto, cobriram apenas o tempo das medições e não abordaram a natureza dinâmica dos processos de salinidade. Por isso, este estudo teve como objetivo detetar a distribuição temporal e espacial da salinidade do solo e as forças que dela derivam com a ajuda de ferramentas geoespaciais. Isto foi feito através da análise de diferentes anos de imagens Landsat e da aplicação de diferentes modelos, que têm uma melhor capacidade de previsão da salinidade para um maior processo de salinização, a fim de adotar técnicas adequadas de gestão dos solos afectados pelo sal.

A maior parte das zonas afectadas pelo sal situa-se em Cambisols e Fluvisols, que cobrem uma área maior. Quase todos os Solonchaks e Solonetz, que estão associados a solos salinos, foram identificados como zonas afectadas pelo sal. A distribuição espacial dos solos afectados pelo sal em relação ao lençol freático mostrou que a maior parte se situa em lençóis freáticos pouco profundos.

As ferramentas geoespaciais são uma técnica eficiente e viável para detetar áreas afectadas pelo sal a partir de imagens de satélite e de diferentes mapas temáticos. Trata-se de um método eficaz em termos de custos e de tempo, em comparação com o tempo, a mão de obra e as despesas de trabalho no terreno e em laboratório para a aquisição de dados sobre a salinidade do solo.

52 Recomendações

> A resolução espacial das imagens e dos DEM limita a identificação da área afetada pelo sal (não é possível cartografar pequenas áreas). Assim, para maximizar a precisão do mapeamento dos solos afectados pelo sal, devem ser utilizadas imagens de alta resolução e DEM.

> Para aplicar o modelo empírico à zona, é necessário efetuar primeiro visitas ao terreno e proceder ao seu ajustamento e calibração, devido ao dinamismo da salinidade no tempo e no espaço e, por vezes, à semelhança da reflectância entre zonas salinas e terrenos estéreis.

> O resultado mostra que a extensão da área afetada pelo sal aumentou no período de tempo considerado para este estudo. Para mostrar a correlação entre o nível das águas subterrâneas e o aumento da salinidade do solo, devem ser efectuados estudos sobre o nível das águas subterrâneas e a salinidade do solo a intervalos regulares.

> Para minimizar a salinização do solo resultante da subida do lençol freático em ligação com a irrigação agrícola, deve haver um sistema de drenagem adequado para remover o sal e o excesso de água.

> Nas zonas afectadas pelo sal, devem ser praticadas variedades de culturas tolerantes ao sal.

CAPÍTULO 6

REFERÊNCIAS

Abbas, A. e Khan, S. 2007. Using Remote Sensing Techniques for Appraisal of Irrigated Soil Salinity (Utilização de Técnicas de Deteção Remota para Avaliação da Salinidade do Solo Irrigado). In: Oxley, L. e Kulasiri, D., Eds., MODSIM 2007 Congresso Internacional de Modelação e Simulação, Sociedade de Modelação e Simulação da Austrália e Nova Zelândia, dezembro de 2007,2632-2638.

Abdellatif, D. e Mourad, L. 2012. Técnicas de deteção remota para mapeamento de solos afectados por sal: Aplicação à região de Oran, na Argélia. Precedia Engineering. 33,188-198.

Abera, Y. e Belachew, T. 2011. Efeitos da utilização da terra no carbono orgânico e no azoto do solo em solos de Bale, Sudeste da Etiópia. J.Trop. Subtrop. Agroecosyt. 14,229-235.

Afework Mekeberiaw 2009. Análise e mapeamento dos níveis de salinidade do solo na fazenda de irrigação Metehara Sugarcane Estate usando diferentes modelos. Dissertação de Mestrado. Universidade de Addis Ababa, Addis Ababa.

Al-Khaier, F. 2003. Deteção da salinidade do solo com recurso à deteção remota por satélite. Tese de Mestrado. Instituto Internacional de Ciência da Geoinformação e Observação da Terra, Enschede.

Al-Mulla, Y. A. 2010. Mapeamento da salinidade em Omã utilizando ferramentas de deteção remota: Status and Trends. A Monograph on Management of Salt-Affected Soils and Water for Sustainable Agriculture, Sultan Qaboos University, Oman 17-24.

Ali Reza, A., Sanaeinejad, S. H., Parisa, M. H, Marjan, G. e Atefeh, K. 2008. Evaluation of Vegetation Cover and Soil Indices for Saline Land Classification in Neyshabour Region Using ETM+ Landsat. Simpósio Internacional sobre Geoinformática para o Desenvolvimento de Infra-estruturas Espaciais em Ciências da Terra e Afins, Mashhad.

Ashraf, S., Afshari, H., e Ebadi, A. G. 2011. Aplicação de SIG para a determinação da qualidade da água subterrânea adequada em culturas influenciadas pela água de irrigação na região de Damghan, no Irão. Revista Internacional de Ciências Físicas 6: 843-854.

Bakker, W., Janssen, L., Weir, M., Gorte, B., Pohl, C., Woldai, T., Hom, J. e Reeves, C. 2001. Principles of Remote Sensing, An Introductory Text Book. ITC, Versão de 26th janeiro.

Beshir, A. e Bekele, S. 2007. Análise de sistemas de irrigação utilizando indicadores comparativos de desempenho: Um estudo de caso de dois sistemas de irrigação de grande escala na bacia superior de Awash. Oromia Water Works Design and Supervision Enterprise, IWMI-NBEA. Procedimentos do Simpósio e Exposição realizados no Ghion Hotel, Adis Abeba, 27-29 de novembro de 2007.

Bouksilal, F., Persson, M., Bemdtsson, R.e Bahri, A., 2010. Estimativa da salinidade do solo sobre um lençol freático salino raso na Tunísia semiárida. The Open Hydrology Journal 4: 91-101.

Chaudhry, M.R., Ghafoor, A., Qadir, M. e Murtaza, G. 1996. Variação temporal da qualidade da drenagem agrícola e dos efluentes da drenagem de Samundri Branch. Pakistan Journal of Soil Science 2: 1-2.

El-haddad, A. e Garcia, L.A. 2006. Deteção dos níveis de salinidade do solo em terras agrícolas utilizando imagens de satélite, http://proceedings.esri.com/library/userconf/proc05/papers/papl950.pdf.

Elnaggar, A. A. e Noller, J. S., 2010. Application of Remote-sensing Data and Decision- Tree Analysis to Mapping Salt-Affected Soils over Large Areas. Journal of Remote Sensing. 2: 151-165.

Fowden, L., Mansfield, T. e Stoddart, J. 1993. Plant Adapation to Environmental Stress (Adaptação das plantas ao stress ambiental). Chapman & Hall, Londres, Reino Unido.

Goossens, R., Alavi, P.S.K. De Dapper, M. e Kissyar, 0.1999. A utilização da banda térmica do Landsat TM para o estudo da salinidade do solo no Irão (área de Ardakan) e no Egito (província de Ismailia). In: Actas da Conferência Internacional sobre Geoinformática para Avaliação, Monitorização e Gestão de Recursos Naturais. Instituto Indiano de Deteção Remota, Dehradun, Índia.

HALCROW-GIRDC 2009. Projeto de Estudo do Plano Diretor de Desenvolvimento de Recursos Integrados da Bacia dos Lagos do Vale do Rift, Estudo de Viabilidade da Irrigação e Drenagem de Sego, Volume 3. Ministério dos Recursos Hídricos, Governo Federal da Etiópia, Adis Abeba.

Jingwei, Wu, Vincent, B. Yang, J. Bouarfa, S. e Vidal, A. 2008. Monitorização por deteção remota de alterações na salinidade do solo: Um estudo de caso na Mongólia Interior, China. Journal of Sensors 8: 7035-7049.

Khan, N. M., Rastos-Kuev, V. V. Shalina, E. V. e Sato, Y. 2001. Mapping Salt Affected Soils Using Remote Sensing Indicators: A Simple Approach with the Use of GIS IDRISI. Documento apresentado em 22nd Conferência Asiática sobre Deteção Remota, 5-9 de novembro de 2001. Singapura.

Kalra, N.K., Singh, L. Kachhwah, R. e Joshi, D.C. 2010. Remote sensing and GIS in identification of soil constraints for sustainable development in Bhilwara District, Rajasthan. J. Ind. Soc. Remote Sens. 38,279-290.

Lagacherie, P. 2008. Cartografia digital do solo: um estado da arte. Em: A. E. Hartemink, A. B. McBratney, e M. L. Mendonça-Santos, eds. Digital soil mapping with limited data. Elsevier Science, Amesterdão, Países Baixos.

Loiskandl, W., Ruffeis, D., Schonerklee, M., Spendling Wimmer, R., Awulachew, S. B. e Boelee, E. 2007. Revisão de estudos de caso de projectos de irrigação investigados na Etiópia. Procedimentos do Simpósio e Exposição realizados no Ghion Hotel, Addis Ababa. 27-29 de novembro de 2007.

Madyaka, M. 2008. Modelação espacial e previsão da salinização do solo utilizando SaltMod no ambiente SIG. Tese de Mestrado, Instituto Internacional de Ciência da Geoinformação e Observação da Terra. Enschede, Países Baixos.

Mccutcheon, M. C., Farahani, H. J. Stednick, J. D. Buchleiter, G. W. e Green, T. R. 2006. Efeito da água do solo na condutividade eléctrica aparente do solo e nas relações de textura num campo de sequeiro. Biosystems Engineering. 94,19-32.

Meiri, A. 1984. Resposta das plantas à salinidade: Metodologia experimental e aplicação no terreno. Reavaliação dos critérios de qualidade da água para irrigação. Salinidade do solo sob irrigação, Ecological Stud. Anal. Synth 51: 284-297.

Mengistu, D., Salami, A., 2007. Aplicação de deteção remota e SIG na cartografia do uso/cobertura do solo e deteção de alterações numa parte do sudoeste da Nigéria. Afr. J. Environ. Sci. Technol.

1,99-109.

Mojiri, A., Emami, N. e Ghafari, N. 2011. Effects of land use changes on Soil Quality Attributes (A Review). Res. J. Agri. Biol. Sci. 7,1-3.

Mekamu Kedir, 2007. Spatial Discrimination and Mapping of Soil Salinity using Remote Sensing and GIS Techniques in the Middle Awash Basin. Dissertação de Mestrado, Universidade de Adis Abeba, Adis Abeba.

Misrak, A., Suryabhagavan, K.V. e Balakrishnan, M. 2012. Avaliação da mudança de cobertura nos habitats de Harenna nas montanhas de Bale, Etiópia, usando GIS e sensoriamento remoto. International J. Ecol. Environ Sci. 38,39-45.

Mongkolsawat, C. e ThirangoonJ'. 1990. A Practical Application of Remote Sensing and GIS for Soil Salinity Potential Mapping in Korat Basin, Northeast Thailand. Universidade de Khon Kaen, Tailândia.

Panah, S. K. A. e Zehtabian, G. R. 2002. A Database Approach for Soil Salinity Mapping and Generalization from Remotely Sensed Data and Geographic Information System. XXII Congresso Internacional da FIG. Washington, D.C. 19-26 de abril de 2002.

Patel R. M., Prasher, S. O. Bonnell, R. B. e Broughton, R. S. 2002. Development of Comprehensive Soil Salinity Index (Desenvolvimento de um índice abrangente de salinidade do solo). Journal of Irrigation and Drainage Engineering. DOI: 10.1061/(ASCE)0733-9437(2002)128:3(185).

Richard, J. 1991. Booker Tropical Soil Manual. A Handbook For Soil Survey and Agricultural Land Evaluation in the Tropics and Subtropics, Longman Scientific & Technical e John Wiley & Sons, Landon, pp 157-159.

Richards, L. A. 1954. Diagnosis and improvement of Saline and Alkali soils (Diagnóstico e melhoramento de solos salinos e alcalinos). Agriculture Handbook No. 60, Departamento de Agricultura dos Estados Unidos (USDA).Washington D. C.

Rongjiang, Y., Jingsong, Y., 2010. Avaliação quantitativa da salinidade do solo e da sua distribuição espacial através do método de indução electromagnética. Agricultural Water Management. 97, 1961-1970.

Shrestha, R. P. 2006. Relating Soil Electrical Conductivity to Remote Sensing and Other Soil Properties for Assessing Soil Salinity in North East Thailand. Publicado online em 7 de agosto de 2006 em Wiley InterScience (www.interscience.wiley.com). DOI: 10.1002/ldr.752

Skole, D.L., Chomentowski, W.H., Salas, W.A., Nobre, A.D., 1994. Dimensões físicas e humanas do desmatamento na Amazônia. Bioscience 44,314-322.

Turner, II B.L., William, B.M., Ross, R.H., Skole, D. L., 1994. Global land-use and global land-cover change: Towards an Integrated study. Ambio 23,91-95.

Turner, B.L., Skole, D., Sanderson, S., Fischer, G., Fresco, L., Leemans, R., 1995. Land-Use and Land-cover change Science/Research Plan. Publicação conjunta do Programa Internacional Geosfera-Biosfera (Relatório n° 35) e do Programa Human Dimensions of Global Environmental Change (Relatório n° 7). Academia Real das Ciências da Suécia. Estocolmo, Suécia.

Verburg, P.H. e Chen, Y.Q. 2000. Caracterização multiescala dos padrões de utilização dos solos na China. Ecosystems 3,369-385.

Wang, Y., Xiao, D., Yan Li e Xiaoyu Li, 2008. Evolução da salinidade do solo e sua relação com a dinâmica das águas subterrâneas nos oásis das bacias hidrográficas interiores: estudo de caso da região de Fubei da província de Xinjiang, China. Monitorização e Avaliação Ambiental.140: 291-302.

Willenborg, C.J., Gulden, R.H. Johnson, E.N. e Shirtliffe, S.J. 2004. Caraterísticas de germinação de sementes de canola *(Brassica napus* L.) revestidas com polímero sujeitas a stress de humidade a diferentes temperaturas. Agron. J. 96,786-791.

APÊNDICE-I

Dados do lençol freático da área de estudo registados em dezembro de 2008 e janeiro de 2009.

S.No	Code	Easting	Northing	Ground water table depth (m)
1	4	332386	651883	0.5
2	6	331411	651883	1.0
3	126	330992	652515	1.8
4	137	334902	651349	1.9
5	145	333234	651748	1.8
6	166	330008	651491	1.2
7	201	331507	651244	1.9
8	221	334252	650748	0.7
9	229	332248	650748	2.0
10	267	334749	650250	1.1
11	291	332754	650005	1.8
12	325	330008	649506	1.3
13	332	331750	649500	1.5
14	345	334502	649252	1.7
15	387	330956	648724	2.0
16	394	328751	648751	0.7
17	396	326506	648498	2.0
18	398	327504	648487	1.2
19	414	331999	648497	1.2
20	425	334250	648250	2.0
21	430	333000	648250	2.0
22	444	329250	648250	2.0
23	461	334250	647752	1.5
24	464	333483	647754	2.0
25	467	332752	647750	1.5
26	474	330988	647754	1.8
27	478	330001	647748	1.3
28	518	332000	647250	1.6
29	522	331000	647251	1.4
30	526	330001	647247	2.0
31	529	328752	647264	1.2
32	562	327997	646501	1.2
33	563	328498	646494	1.6
34	581	332988	646491	1.8
35	594	331782	646263	1.7
36	634	327999	645494	1.7
37	643	330500	645500	1.8

S.No	Code	Easting	Northing	Ground water table depth (m)
38	657	333000	645247	1.8
39	670	329749	645251	1.6
40	699	328996	644499	1.9
41	702	329741	644490	1.5
42	912	334347	649892	2.5
43	914	333078	649177	1.5
44	915	333500	650750	1.7
45	916	334537	651719	3.3
46	925	329478	651818	1.9
47	928	330523	646249	4.0
48	929	331996	645746	4.0
49	932	330374	641973	3.5
50	934	327992	649480	3.5
51	997	329748	645885	3.5

APÊNDICE-II

Avaliações da exatidão da carta de ocupação do solo de 2010 .

	Ground control points						
Class	Bare land	Intensive cultivation	Fallow	Dispersed cultivation	Water body/Swamp	Total	User accuracy %
Bare land	**12**	1	1	2	0	16	75.0
Intensive cultivation	1	**18**	0	2	0	21	85.7
Fallow	1	1	**14**	1	0	17	82.4
Dispersed cultivation	0	3	0	**25**	1	29	86.2
Water body/Swamp	0	0	0	0	**2**	2	100.0
Total	14	23	15	30	3	**85**	
Producer accuracy %	85.7	78.3	93.3	83.3	66.7		**83.5**

APÊNDICE-III

Dados de Condutividade Eléctrica (CEe) e pH do Extrato Saturado de Solos Analisados a partir de Amostras de Sondagem de 2009.

S.No	Auger No	Easting	Northing	Ece 1:5 (mS/cm)	pH 1:5	Salinity overlay model result
1	17	327316	650646	0.4	7.1	Non-saline
2	43	327816	649646	0.4	7.0	Non-saline
3	98	329482	645989	5.7	7.1	Slightly saline
4	140	334408	651541	6.4	8.3	Slightly saline
5	141	334861	650917	12.8	8.1	Moderately saline
6	145	333398	651710	5.7	7.7	Slightly saline
7	151	331655	651543	11.6	7.7	Moderately saline
8	153	331155	651543	11.1	8.2	Moderately saline
9	157	329589	651484	11.6	8.3	Moderately saline
10	163	328343	651574	0.5	7.6	Non-saline
11	167	330157	651288	6.1	8.1	Slightly saline
12	169	328050	647944	7.0	7.9	Moderately saline
13	171	331159	651289	12.1	7.9	Moderately saline
14	182	326917	647718	6.0	8.7	Moderately saline
15	183	333620	650974	13.3	8.1	Moderately saline
16	185	334722	651324	4.6	7.5	Non-saline
17	190	334441	651260	7.5	3.9	Moderately saline
18	194	333155	651043	11.5	8.1	Moderately saline
19	200	331648	651044	11.5	8.3	Moderately saline
20	202	331156	651050	11.9	8.0	Moderately saline
21	208	330655	650793	6.2	8.7	Slightly saline
22	210	331655	650793	12.0	8.2	Moderately saline
23	213	333155	650793	9.8	7.6	Moderately saline
24	215	333793	652138	6.3	8.1	Moderately saline
25	219	334656	650541	12.0	8.3	Moderately saline
26	220	334083	651737	6.5	8.5	Moderately saline
27	223	330281	647777	16.3	7.6	Strongly saline
28	225	333155	650543	16.2	8.2	Strongly saline
29	233	331158	650547	10.3	8.1	Moderately saline
30	237	330192	650259	12.1	7.9	Moderately saline
31	238	325903	650293	0.4	8.4	Non-saline
32	244	328595	650090	1.2	7.5	Non-saline
33	246	329915	650309	6.3	7.8	Slightly saline
34	248	332086	650386	12.1	8.0	Moderately saline
35	250	330907	650291	12.2	8.2	Moderately saline
36	252	330629	650318	6.1	8.3	Slightly saline
37	261	333655	650293	11.3	8.3	Moderately saline
38	263	334149	650296	10.4	4.2	Moderately saline

S.No	Auger No	Easting	Northing	Ece 1:5 (mS/cm)	pH 1:5	Salinity overlay model result
39	275	332690	650020	11.7	8.8	Moderately saline
40	284	330405	650043	10.9	7.7	Moderately saline
41	289	331656	649794	12.8	8.0	Moderately saline
42	291	332659	649798	9.6	7.4	Moderately saline
43	298	334655	649533	11.9	8.0	Moderately saline
44	300	334155	649538	29.0	8.4	Strongly saline
45	318	326412	649308	0.9	3.9	Non-saline
46	322	328357	649383	1.2	8.1	Non-saline
47	336	332658	649294	14.2	10.0	Moderately saline
48	337	332904	649281	11.4	10.2	Moderately saline
49	349	333403	649046	13.8	8.0	Moderately saline
50	361	330392	649038	6.8	7.9	Slightly saline
51	369	333155	648793	8.4	7.4	Slightly saline
52	383	331905	648543	11.6	7.8	Moderately saline
53	393	329154	648543	1.9	7.8	Slightly saline
54	399	327109	648996	1.1	8.4	Non-saline
55	423	334123	648282	11.6	9.3	Moderately saline
56	426	333905	648043	9.2	8.2	Moderately saline
57	427	330678	646958	11.8	7.6	Moderately saline
58	430	332905	648043	10.2	7.7	Moderately saline
59	438	329501	649222	4.8	8.6	Slightly saline
60	444	329370	649809	1.4	8.0	Non-saline
61	453	332142	647783	11.7	8.0	Moderately saline
62	458	333908	647795	16.1	8.2	Strongly saline
63	467	332631	647537	40.9	7.2	Strongly saline
64	469	330259	646209	6.3	7.9	Slightly saline
65	502	332403	647294	12.0	7.6	Moderately saline
66	506	333404	647294	16.8	7.8	Strongly saline
67	507	333656	647295	27.0	8.1	Strongly saline
68	517	329424	645789	4.6	3.5	Slightly saline
69	539	333652	646547	13.3	6.9	Moderately saline
70	541	333154	646540	10.6	7.7	Moderately saline
71	547	331655	646543	22.0	7.8	Strongly saline
72	549	329632	646801	13.1	8.2	Moderately saline
73	558	325957	648834	1.1	7.6	Non-saline
74	581	333135	646273	35.0	7.3	Strongly saline
75	586	332925	646164	39.8	7.8	Strongly saline
76	589	332023	646310	30.0	7.9	Strongly saline
77	591	331626	645418	5.3	7.6	Slightly saline
78	595	327770	646730	2.9	7.7	Non-saline
79	655	332905	645040	16.9	9.9	Strongly saline
80	674	329700	643844	2.8	7.8	Non-saline
81	682	332152	644544	1.3	7.7	Non-saline
82	718	327983	644675	1.4	7.4	Non-saline
83	724	328420	644001	1.2	7.6	Non-saline
84	781	330159	643291	1.1	7.6	Non-saline

MIX
Papier aus verantwortungsvollen Quellen
Paper from responsible sources
FSC® C105338

Printed by Books on Demand GmbH, Norderstedt / Germany